普通高等教育艺术设计类专业规划教材

会展空间的
设计与应用

王卫东　编著

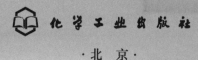

化学工业出版社

·北京·

本书主要介绍会展空间的设计与应用方面的知识，从七个方面来叙述。首先介绍了会展设计的概念、发展状况和会展空间设计专业人员所必备的素质；从会展空间设计的应用和表现方面阐述了基础技术和新技术的结合带来的"新春天"；在灯光表现设计方面配有近年来优秀的案例来进行分析；接着主要讨论的是企业形象、色彩和图形设计，以及在未来会展空间行业的发展走向的基础上，对环保绿色设计，网络云展会空间设计的这种新语言的提出与阐述；最后提供的是国内外具有代表性的大型会展场馆空间设计的案例。希望通过具体实例来提高我国会展空间设计的从业人员的专业水平和促进我国会展行业的整体化的进步。本书适合会展设计的学习和从业人员。

图书在版编目（CIP）数据

会展空间的设计与应用 / 王卫东编著. — 北京：化学工业出版社，2013.10（2018.7重印）
普通高等教育艺术设计类专业规划教材
ISBN 978-7-122-18474-0

Ⅰ. ①会… Ⅱ. ①王… Ⅲ. ①展览会 - 空间设计 - 高等学校 - 教材　Ⅳ. ① TU242.5

中国版本图书馆 CIP 数据核字（2013）第 222315 号

责任编辑：李彦玲　　　　　　　　　　　　装帧设计：IS溢思视觉设计工作室
责任校对：宋　夏

出版发行：化学工业出版社（北京市东城区青年湖南街13号　邮政编码100011）
印　　刷：北京京华铭诚工贸有限公司
装　　订：北京瑞隆泰达装订有限公司
787mm×1092mm　1/16　印张7$\frac{1}{2}$　字数186千字
2018 年 7月北京第 1 版第 2 次印刷

购书咨询：010-64518888（传真：010-64519686）
售后服务：010-64518899
网　　址：http://www.cip.com.cn
凡购买本书，如有缺损质量问题，本社销售中心负责调换。

定　　价：38.00 元

前言
PREFACE

我国会展业虽然起步较晚，但是发展迅速，在我国经济舞台上扮演着越来越重要的角色。尽管我国会展业发展迅速，但与西方发达国家相比，仍然还处在萌芽阶段，发展不成熟，竞争力相对较弱。我国会展业无论是在规模、效益还是在质量方面都与发达国家差距较大，主要体现在管理水平、运作能力、展示设计水平较低。这些问题都与会展人才短缺有直接或间接关系，会展人才短缺已成为制约我国会展业发展的"瓶颈"。正是认识到这一关键问题，各类相关学校及科研机构纷纷以各种不同层次的教育方式开展不同层次的会展专业的学历教育。

正是在会展业这种超常规发展的大背景下，要培养会展业专业实用技术人才，就必须重视会展业相关系列的教材建设，因为教材的定位是否准确、质量是否上乘、结构是否合理、特色是否鲜明、是否具有实用性等，都直接影响到人才培养的质量。基于此我们编写了此教材。

《会展空间的设计与应用》体现会展设计专业的实用性的特点，强调教材的专业性和系统性，以会展设计专业的课程设置和教学结构为依据，从创意设计到展览场地实地搭建，系统地阐述会展空间设计的工作流程，让读者掌握会展空间设计的精华。希望通过本书将实践积累的经验和研究成果与读者分享，为会展设计专业的人才培养尽一份责任。

本书编写过程中得到了化学工业出版社的大力支持并提出了许多宝贵意见和建议，本书还参考了一些国内同类优秀书籍和网络资源，在此深表谢意。

鉴于能力与水平有限，加之编写时间仓促，书中一定有疏漏和不足之处，恳请广大读者和专家指正。

王卫东
2013 年 8 月

会展空间的
设计与应用

目 录
CONTENTS

CONTENTS

第五章　新型会展产品系统的设计与应用

第六章　新语言——网络云展会空间设计

第七章　大型会展场馆空间设计案例分析

参考文献

第一章
会展空间
设计概述

一、 会展空间设计是什么

会展空间设计是指在各种会议、展览会、博览会的活动中，利用空间环境，采用结构搭建、视觉传达设计实施等手段，借助展览器材、设施和高新科技产品，将所要传播的信息和内容呈现在公众面前。其中包括展会空间、展台设计、室内外会展环境空间布局设计、平面设计、多媒体交互设计、照明设计以及相应的展览场馆的设计等。会展空间设计是一种对观众的心理、思想和行为产生重大影响的创造性设计活动。

会展设计也是一门综合的设计艺术，通过对参观者的视觉、听觉、触觉、嗅觉和神经觉等全方位的感官反馈进行设计，它是会展活动的视觉展示，是会展活动的重要补充部分，目的是充分强调人的潜能，将要传达的信息准确地传达给观众，并使观众在接受信息的同时有一种美的享受。除了会展项目策划、产品本身等因素，会展设计的形式也是不可忽视的，但由于各方面原因，有些会展设计从创意开始就缺乏形式意味，未能从艺术层面上突出产品和品牌。从某种程度上讲，会展设计方案形式的新颖与否直接关系到最终的展示效果，因此设计师应以美的形式作为设计原则，以恰当的、合适的展示形式来表达主题内容。设计师将会展设计的最后成品当作一件有形式意味的艺术品来创造，其艺术性绝不是随心所欲、简单的堆砌，而是根据对参展商意图与展品特性的认识、了解，借助当今科技手段，通过一定形式的研究探讨并进行艺术的升华，创造出一种和谐统一、震撼人的气氛。

展示空间的构成也是会展设计必不可少的。其构成被汇总到一个展览会、展销会或一个博物馆陈列，展示空间大致由以下 8 类空间构成，即实际的展示空间、过渡空间、交通空间、洽谈空间、接待空间、休息空间、销售空间和储存空间。

二、会展空间设计的发展现状及前景

会展设计是空间设计的一种，是一种实用的、以视觉艺术为主的设计。近年来，会展业的焦点开始转向亚洲，乃至中国。在中国举办的 2008 年北京奥运会和 2010 年上海世博会以后，给会展设计从业人员带来很大的发展空间和很深远的职业前景。

作为朝阳产业，中国会展业的迅速崛起让世界刮目相看。1997 年，中国内地全年举办的各类展览会数量第一次达到 1000 个；短暂 10 年之后，这一数字在 2006 年跃升至 3800 个。全球拥有的展览会的主题，在中国市场上都能找到。包括德国、美国等世界前 10 名的国际展览公司都不同程度地进入了中国市场。

但与会展经济水平领先的一些国家相比较，我国会展业还存在诸多不足。其中的突出表现是：展会整体水准不高，国际化程度比较低；展会设计主题雷同现象屡见不鲜，导致整个会展业竞争纷乱无序；展会的质量和效益有待提高；缺乏行业管理，整体市场存在恶性竞争；场馆设施不健全，软硬件不配套；专业人才匮乏等。导致这一系列现象的原因归根结底是专业人才缺乏。会展业是一个服务密集型和知识密集型行业，专业人才的多少、专业技术水平的高低、知识的差别直接关系到展会的质量和效益。

可见会展空间设计的职业前景也是备受人们关注的。

中国未来的会展业极具发展潜力，全球经济一体化和全球会展业的发展将促进中国会展业的进一步发展；中国进出口贸易的发展将促进在华国际展览和出国展览的数量与发展速度；中国国民经济的稳步发展也为中国会展业的发展提供稳定的基础；互联网和电子商务也为会展企业提供有效的营销工具；2010 年世博会的举行也引进了一大批能独立设计，并能指导施工的会展设计人员。这些机遇为会展设计人员提供了展现个人才华的广阔舞台。

纵观人类文明发展史，我们可以非常清楚地看到展示艺术所起到的重要作用，展示活动一直伴随着人类社会的文明进步而不断发展变化着，展示作为人类互相交流和传递信息的媒介，发挥着其他艺术形式不可替代的功能。随着信息时代的到来，计算机技术的发展、多媒体技术、网络技术和虚拟现实技术的广泛应用，展示设计的概念和思维方式也发生了很大的变化，展示设计已经从传统单一的设计形式向科技与艺术融于一体的综合性设计体系转变。

三、会展空间设计的特点

1. 设计人性化

在现代会展设计中，人性化设计是会展设计的根本诉求，人是观赏、领悟展示内容的主体，因而也是最重要的研究对象。自 20 世纪以来，社会学家和心理学家对参观者的认知心理、环境行为做了许多研究，其成果直接在展示设计中得到了运用。如，国外的很多会展场馆十分重视参观路线和照明等观赏环境的设计，注意为儿童、老年人、残疾人服务，绝大多数考虑了无障碍设计，有些还设有儿童活动场所等。会展设计者不仅考虑为公众提供陈列空间，而且还考虑到各种为公众服务的辅助场所。在信息时代，融科技和艺术于一体的会展设计呈现出更人性化、更亲切的特点，更强调人在展示活动中的地位以及物质与精神上全方位的需求。要想使展示信息有效地传递给参观者，使他们从中获益，就要求设计者为参观者创造一个舒适而实用的观赏环境，要尽可能地满足参观者的信息需求与生理、心理需求。展示的效率是通过会展空间的氛围营造来实现的，也就是有些人所说的"场"。这个"场"的营造要有交流和对话的环境气氛，而不是喋喋不休的说教和填鸭式的灌输；要具有一种亲和力，使参观者在会展空间中体验到的造型、材料、实物、图像、声音等中介媒体都有了生命、活力、表情和情感，使展示空间有了像朋友聚会交流一样的感人魅力。

2. 参与互动性

展示的互动性设计最为符合现代信息的传播理念，也更能调动参观者的积极性，提高他们参展的兴趣，这就意味着参观者并不是被动地参观展示，而是主动地体验展示内容，也体现了设计者对于参观者的人文关怀，参观者已不仅仅是旁观者，而变成了探索世界奥秘的主人。早在 20 世纪 60 年代，世界上许多有远见的专家就提出了"寓教于乐"的观点，陈列室内"请勿动手"的牌子逐渐被"动手试试"所代替。展示设计打破以往那种单一的静态展示、封闭式展示方式，变成了鼓励参观者参与，在真实的环境中去理解展品、体会展品，让参观者直接动手操作形成新迭出的独特陈列。著名的美国芝加哥科学工业博物馆居然可以把公众引入地下真正的煤层，让人们亲自体验煤炭采掘的全过程。但在这些展示中，展品始终是展示信息传播的主体、设计的中心，其互动性是非常有限的。随着信息时代的到来，科技的进步，展示观念的更新，围绕着展示互动性的设计得到了真正意义上的体现。在 2000 年威尼斯建筑双年展中，参展者、设计师非常重视对互动性的设计。法国展馆将设计概念延伸至室外，一艘垂挂着白色纱帘的威

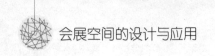

尼斯汽船航行在展区之间,供参观者登船参与讨论。此刻,展示道具已成为处在主动位置上运动中的主体。

3. 信息网络化

互联网 (Internet) 是近年来电子通信技术快速成长过程中的新兴产物。互联网结合多媒体技术,以开放式的架构整合各种资源,通过标准规格和简易的软件界面,以电子电路传送或取得散布在全球各地的多元化资讯。作为以资讯传达为目的的现代展示设计也迅速地应用信息技术,创造具有国际化、网络化快速展示的方法,通过互联网,展示信息可迅速地在世界上广泛传播,避免因地理位置、交通不便带来的局限,促进信息在国际间的频繁交流,达到展示的目的。在 2000 年上海艺术博览会上,网络与艺博会的"缘分"成为上海艺博会上别具风格的景观。此次网络与上海艺博会的"链接",使人们在不同时期能够领略到众多的服务与视觉享受,在艺术的世界里自由"网来网去"。

4. 设计手段多样化

多媒体技术是指结合不同媒体,包括文字、图形、数据、影像、动画、声音及特殊效果,通过计算机数字化及压缩处理充分展示现实与虚拟环境的一种应用技术。随着计算机技术的发展,多媒体、超媒体技术的应用推广,极大地改变了展示设计的技术手段。与此相对应,设计师的观念和思维方式也有了很大的改变,先进的技术与优秀的设计结合起来,使得技术人性化,并真正服务于人类。它的应用,拓宽了展示内容及手段,进一步推动了现代展示设计的发展。

5. 虚拟现实化

虚拟现实展示设计,是指通过虚拟现实技术来创建和体现虚拟展示世界。展示空间延伸至电子空间,超越人类现有的空间概念,拟成为未来展示设计的方向。设计师可以不受条件的制约,在虚拟的世界里去创作、去观察、去修改。同时,计算机多种多样的表现形式、丰富的色彩,也极大地激发了设计师的创作灵感,使其有可能设计出更好的展示。据悉,美国微软公司最近已投资开发虚拟艺术品展览的应用系统。这样,人们就可以通过显示头盔,"看"到三维立体的艺术展品,并且借助触觉手套"抚摸"展品,从而达到欣赏艺术品的目的。

总之,社会的进步和科技的高速发展既对展示提出了更高的要求,全新的设计理念,同时也为展示设计提供了先进和多样的手段和技术,为现代展示提供了广阔的发展平台。

四、会展空间设计的标准

1. 完整性标准

整合而统一,是展示艺术的首要标准。形态统一、色彩统一、工艺统一、格调统一。总之,艺术形式的秩序方面是好设计的标准。

2. 创造性标准

任何艺术活动的最终目的都在于创造再生。创造是新设计的主要特征。展示设计的创造性主要表现在创意的新颖和艺术形象的独创性。

独特的形象给人以冲击、给人以震撼、给人以刺激，令人过目不忘，能够发挥最有效的市场作为，实现最有效果的形象传播。这种创造涉及到形式的定位、空间的想象、材料的选择、构造的奇特、色彩的处理、方式的新颖等多个方面。

3. 时代性标准

也可称为观念性标准，时代的观念浸润着展示艺术设计的每一个细胞。在当代，展示设计应体现如下几种观点：新的综合观念、人本观念、时空观念、生态观念、系统观念、信息观念、高科技观念等。具体地讲，应注意下述五个方面。

（1）空间环境的开放性，通透流动性、可塑性和有机性；令人感到自由、亲切，让人可感、可知，可以自由地出入、参观和交流。

（2）实现展品信息的经典性原则。严格落实少而精的要求。

（3）实现固有的"交互混响"的统合色彩效果，重视对无色彩系列的运用。

（4）尽量采用新产品、新材料、新构造、新技术和新工艺。积极运用现代光电传输技术、现代屏幕影像技术、现代人工智能技术等高科技手段实现展示效果。

（5）重视对软件材料的自由曲线、自由曲面的运用，追求展示环境的有机化效果。

4. 行业性标准

也可称之为功能性标准，主要是讲形式和内容的统一性问题。比如，"纺织"业的展台设计与"水产"业的展台设计不可能是一样的。

设计要有突出的风格和品味，其中地域和民族性的文化传统应当有自然而然的表现。体现出历史传承下发展的有根的特征。

5. 环境性标准

这里面包含着两层意思。其一是任何一个美的客观存在都是在特定环境中实现的，好的设计必然是在充分研究"街坊四邻"、四周环境后的产物，必须与环境在形式上达到"相得益彰"；其二是任何一个好的设计都不会造成环境污染，都是符合"可持续发展"的方向和基本发展要求的。

总之，好的展示设计应当是坚持了内容与形式的统一、整体与局部的统一、科学与艺术的统一、继承与创新的统一等原则。个性化评判展示设计好坏优劣的话，就是审美方式不同带来的不同结论。

五、会展空间设计的要素

会展空间设计是由很多要素组成的，正因为这些要素的存在，设计出来的产品才会尽善尽美。

1. 和谐

在所有规律中，和谐是展台设计最重要的一条规律。展台是由很多因素，包括布局、照明、色彩、图表、展品、展架、展具等组成。好的设计是将这些因素组合成一体，帮助展出者达到展出目的。但凡事都有一个度的把握，过于完美也就失去了意义。

2. 简洁

展台越复杂就越容易使参观者迷惑，就越不容易留下清晰、强烈的印象。人在瞬间只能接受有限的信息。观众行走匆忙，若不能在瞬间获得明确的信息，就不会产生兴趣。另外，展台若设计得过于复杂也容易降低展台人员的工作效率。

要选择有代表性的展品摆放，次要产品可以不展示。展出公司往往以为数量能显示价值，因此大量堆放展品，在有限的空间堆砌展品，效果很差。选择布置展品必须有所选择，有所舍弃。简洁、明快是吸引观众的最好方法。照片、图表、文字说明应当明确、简练。与展出目标和展出内容无关的设计装饰应减少到最低程度。不要在展台墙板上挂贴零碎的东西，比如展览手册、小照片等。不要让无关的东西分散观众的注意力。

3. 突出焦点

展示应有中心、有焦点。焦点选择应服务于展出目的，一般会是特别的产品，如新产品、最重要的产品或者最被看重的产品。通过位置、布置、灯光等手段突出重点展品。咨询台也可以是焦点；声像设备也可以将参观者吸引到展台。但是焦点不可多，通常只设一个。焦点过多容易分散参观者的注意，减弱整体印象，可以通过单独陈列、利用射灯等手段突出、强调重点展品。设计作品需要画龙点睛之笔，展台设计也一样，也许仅需要一束光或一点不同的色调使展台富有活力。

4. 表达明确主题，传达明确信息

主题是展出者希望传达给参观者的基本信息和印象，通常是展出者本身或产品。表达明确的主题从一方面看就是使用焦点，从另一方面看就是使用合适的色彩、图表和布置，用协调一致的方式以形成统一的印象。

预算充足的展出者往往会建造豪华的展台，给参观的各方人士留下深刻的印象，但是可能并没有传达出明确的主题和信息。设计人员往往注意吸引力、震撼力，而忽略表达明确的商业意图，或者忽略了对产品的宣传。

使用设计、布置手段和用品要服务于展出目标，要与展出内容一致。不要贴挂与展出目标无关的照片、图面；不要播放与展出内容无关的背景音乐。注意主次分明。

如果只是为了豪华或者根据客户的价位来出图，那并不是一个好的设计师所追求的。图的实用性与设计有直接关系。

5. 建立醒目标志

与众不同能吸引更多的参观者，使参观者更容易识别寻找，对于未走近展台的参观者也会由此留有印象。设计要独特，但是不要脱离展出目标和商业形象。不要参考他人的设计图纸，这样只会混淆自己的想法，摧毁自己设计的独特性。

6. 从目标观众的角度进行设计

传统的设计，特别是像庙宇、宫殿、银行等，强调永恒、权威和壮观。但是在竞争性的展览会上，展出成功与否在很大程度上靠观众的兴趣和反应程度。因此，展览设计要考虑人，主要是目标观众的目的、

情绪、兴趣、观点、反应等因素。从目标观众的角度进行设计，容易引起目标观众的注意、共鸣，并给目标观众留下比较深的印象。对人心里的拿捏是展览设计成功与否的考量标准。

7. 考虑空间

设计人员还需考虑展台工作人员数量和参观者数量。拥挤的展台效率不高，还会使一些目标观众失去兴趣和耐心；反过来，空荡的展台也会有相同的副作用。由于设计人员对展台面积没有多少决定权，所以主要应在设计安排上下功夫，比如布局、展台展架使用量以及布置方法。

8. 人流安排

展出者也许希望在展台内有大量的能自由走动的观众；也许希望吸引大量的观众，也许希望只让经过筛选的观众走进展台；也许希望记录每一观众的数据；也许希望只记录经过筛选的少数观众；或者甚至不考虑上述内容。因此，展台设计开始就要了解展出者的需要。

9. 展台易建易拆

展台结构应当简单，在规定时间内能够装拆。建拆施工时间通常由展览会组织者决定。设计人员应当控制好展出时间。

10. 慎重设计，不轻易更改

设计时，要考虑周到、全面，设计方案一旦讨论通过就不要轻易更改，以免破坏整体性，尤其不要在后期更改；更改可能拖延施工，增加费用，甚至影响开幕。

11. 在预算内做设计

预算常常是矛盾源。预算和设计要求之间可能有很大差距。作为设计人员，必须现实地接受预算，在预算内尽力做好设计工作。预算不清楚，并不意味没有限度。这很可能造成很多麻烦。如果设计施工开支过多，设计人员应当承担责任。因此，要坚持弄清楚预算标准。控制开支，事先安排并确定所有项目及标准，在预算内做好设计施工工作。

六、会展空间设计的基本要素和理论

（一）会展空间设计的基本要素

现代会展是由若干相互联系的要素有机构成的一个系统。在这个会展系统中存在着五大基本要素：一是会展的主体，即会展的服务对象是参展厂商也就是会展的客户；二是会展的经营部门或机构，即专业行业协会和会展公司是会展的组织者；三是会展的媒体，即会展的展示场所为展馆或会展中心；四是会展市场，即参展厂商获取信息和宣传企业形象的渠道；五是参观会展的观众，即最终的用户和消费者。

1. 参展商——系统的动力

参展商主要指参加会展的相关单位、组织、团体和个人，参展商是会展系统的基础要素和市场需求的表征反应。由于这些人和组织的存在，才产生了会展系统的其他要素，也正是根据其数量的多少和行

为的活跃与否，决定了会展系统的生命力和竞争力。

2. 会展组织者——系统的主体

会展组织者是指专营会展业务的机构和部门，即会展公司和会展行业协会。会展组织者通常有着特定的服务对象，决定着会展的举办时间和举办形式，并能提供展示环境和信息。在会展系统中，作为唯一全程参与运作会展活动的主题，会展组织者支配性地指导会展的发展方向和最终成果。

3. 会展媒体——系统的神经

会展媒体是指展示传播信息的媒介，即展览馆和展览中心。在会展系统中，会展的生命在于展现和传播，而会展媒体的主要功能就是通过提供媒介和形象展示传播信息，媒体与会展组织者、市场和观众之间的密切的联系，参展商与展馆的联系通过会展组织者来实现。

4. 会展市场——系统结构的纽带

狭义的市场是商品交换的场所，广义的市场是指商品所反映的各种经济关系和经济活动现象的总和。会展系统中的市场是指广义的市场，它所涉及的内容和经济关系远远超出了纯粹商品交换的范围。在这个系统中，既有以展览为媒介反映参展商和消费者关系的商品交换行为，也有反映参展商与展览组织者和展馆之间的分工协作行为，所有这些关系都不是狭义的市场能够反映和包容的。在展览系统中，市场的纽带性和作用性随着商品经济的发展日益显著；一方面它使系统其他要素的功能通过市场发生有机的联系；另一方面市场以它特殊的功能调整着系统各要素之间的关系，因为各要素的行为方式的变化和行为后果，都要从市场中得到反馈。

5. 参观会展的观众（消费者）——系统结构的起点和终止

消费者就是商品的购买者和使用者，包括生产消费者和生活消费者。在商品经济活跃发展的条件下，它包括两个部分：一是在会展直接作用下，采取某种消费行为的消费者，如那些在商品展示过程中面对面的劝说下，引起购买行为的消费者；二是在展览间接作用下采取某种消费行为的消费者，如在广告宣传作用下采取某种消费行为的消费者。

在会展系统结构中，消费者是一切展览行为的起点。从社会再生产过程中看：如果没有消费，就不可能存在有目的的生产；没有生产，便不可能产生参展商，也就不可能有其他行为。消费者还是会展行为的终点，因为会展活动的最终目的是为了满足消费者的购买和选择需要，会展效果的好坏也要由消费者最后决定。因此没有消费者的行为，会展活动就失去了目的，也无法最后完成会展的全过程，所以，消费者是展览系统的起点和终点。

会展的基本要素之间的相互影响和作用便形成会展活动的基本理论或会展学基本理论。会展的专业性、市场经济性、相关性、综合性、系统性、信息传播特性也决定了会展的市场理论、市场营销理论、生命周期理论、系统管理理论等基本理论的形成，我们可以从这些基本理论中认识会展活动的基本规律。

（二）会展空间设计的理论

1. 会展的市场理论

会展中展览活动是一种古老、特殊的经济交换（流通）形式。展览是市场经济中的主要交流媒介之一，它与期货市场、商务交易所构成市场流通三大主要形式。会展中展览活动，通过展览会使买卖双方签约成交或交换物品（信息），做成买卖，形成展览市场。从中我们也可以看出，展览作为市场流通环节与其他市场流通方式有所不同。期货市场，商品交易其本身就构成交换过程中的一个环节，是市场常规性的交换环节。在物品交换过程中有先买进、后卖出的过程，而展览活动一般是非常规、常年的，时间比较集中。展览会是提供买方、卖方交换的平台。这就是展览活动的市场理论，即：通过展览、使买卖双方达成交换平台，形成展览市场。这种市场是一种特殊的市场或者说是一种特殊的媒介。

据美国展览业研究中心调查，在制造、运输等行业以及批发业，2/3 以上企业将展览作为流通手段，金融、保险行业有 1/3 以上企业将展览作为交流与流通手段。展览活动的市场原理告诉我们：展览活动对于促进贸易、产品信息交流、建立联络、货物成交等产生了媒介作用，展览活动不仅是一种经济手段，更是市场经济的"晴雨表"和"风向标"。同时，展览作为一种活动媒介，买方与卖方是其重要的两个主要因素，缺一不可。

2. 会展市场营销理论

麦卡锡（McCarthy）在其营销原理理论中就提出 4Ps 理论，即买方理论：产品（Product）、价格（Price）、地点（Place）、促销（Promotion）。而罗伯特·劳特伯恩（Robert Lauter-born）提出 4Cs 理论，即卖方理论：顾客问题的解决（Customer solution）、顾客的成本（Customer cost）、便利（Convenience）和传播（Communication）。

买方卖方营销理论引入展览市场，使我们更容易认识贸易性展览会的市场营销的特征、内涵和原理。

现代贸易性展览会是展览市场中最典型的具有市场营销特征的一种。它有以下几种功能：提供市场关注点，反映出部分市场；确定和提高市场透明度；有助于开拓新市场；得以直接比较产品和效用；使人从而集中交换信息和进行人的感官的高度体验。

会展市场营销的原理反映在参加贸易性展览会上，表现为四个内涵和特征，即以展览作为交流手段、以展览作为价格手段、以展览作为分销手段、以展览作为产品组合等。

3. 会展生命周期理论

一个企业有自己的生命周期，而会展也有自身的生命周期。由于全球经济一体化和产业发展的瞬息万变，会展的生命周期除会展自身的经营、管理和创新外，政治、军事、经济等其他客观因素的影响也至关重要。会展生命周期包括引入、成长、成熟、衰退四个阶段。

（1）引入期。会展为新项目，会展商不了解、不熟悉这个会展，因而会展的宣传、推广、开拓市场等工作量非常大，当然投入也很大。也正因为是新展会，由于市场、技术和管理上的不确定，对这种展会而言，是一种风险，随时有夭折的可能。

（2）成长期。会展成长期是展会日趋成熟、增长的时期。参展商熟悉和认识这个展会，技术管理和服务优良，展位销售量上升，展会的利润届时也呈现最大化。

（3）成熟期。从会展成长期后期开始，市场增长率减缓，展位销售势头减缓，展会价格和利润滑坡。其阶段表现为同类主题展会竞争趋势白热化。会展之间并购现象会出现。

（4）衰退期。在这个阶段，会展伴随着这种产业的衰退而衰退，比如全球 IT 展览会随着网络的发展，产业会展功能需求减少，展会缩小，其阶段会展利润很低，会展本身存在着新一轮的创新，以符合参展

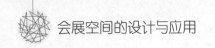

商产品市场开拓的需求。

会展生命周期的四个阶段是一般过程，但有的会展在运营过程中有跳跃性发展的，也有在衰退时期通过革新而延长其生命周期的；当然也有因为偶然因素或自身因素而夭折的。

4. 会展系统管理理论

系统即指由若干相互联系、相互作用的要素所构成的具有特定功能的有机整体。会展系统管理就是强调会展组织的整体性管理，把会展作为一个开放系统，把会展看作是由许多子系统所形成的组织。会展系统要强调：① 一个会展（系统）的决策；② 一个会展的设计和构建；③ 会展系统的运转和控制；④ 检查和评价会展系统的运转结果，看其是否有效果和效率。

七、会展设计师应注意的问题

每个会展结束，都会有一批装修得美轮美奂的展位在短短几小时内"土崩瓦解"。展位越大，花的钱越多，浪费就越严重。若想减少浪费，控制、降低展览装修的成本，会展设计师就要从以下几个方面考虑。

1. 结构设计严谨，使展位能反复使用

展览装修设计方案的优劣，一般以"功能完善、形象突出、造型独特"作为评判标准，但"结构设计巧妙，展位能反复和更新使用"也是展装设计的重要方面。试想，一个房地产公司每年可能要参加"春交会""港交会""秋交会""住交会"至少四个展览，要是略微注意一下的话，可以节省很多资金！

2. 选装修材料应能省则省

展览装修不像公共装修和家庭装修一样要求耐久性，也不太考虑因时间和季节变化所造成的施工质量问题。展装的目标是在保证安全的前提下突出"效果"。在关键部位，如人流通道、人接触的部位及高耸展台等处，要加厚材料来加固，而在次要部位用合资、国产材料，这也可以说是"量材录用"。

3. 事先考虑周全，避免施工中出偏差

如果缺乏布展经验，那么就很可能在布展时间内为小的失误疲于奔命，为大的错误改变施工方案。有的参展商在布展期间要求增加项目，这样设计施工人员就必须要加班完成。也许参展商不在乎增加的场地租金和工人的加班费，可是参展商如果事先和施工企业在设计和施工方面多一点时间沟通，不仅可节约资源，还树立起参展商和施工企业"高素质、高效率"的形象。

4. 展装创意——开拓展览业新空间

展装是展览会参展企业通过展位的设计来突出企业形象和产品，是集声、光、电、特殊材料展饰组合和设计的一种特种装饰，它又包含了力学、建筑学等知识和艺术。现代的、国际性的展装要体现出企业及产品文化及广告累计效应，更要注意张扬企业及产品的个性，并且在张扬个性的同时为企业或产品注入前瞻性的科技意识和文化感觉，因此，好的展装大大提升了企业或产品的现代内涵和文化底蕴。

5. 展装创意——企业个性的张扬

创意可以说是现代企业宣传及展示的主要特征。而创意的成功就在于个性的张扬。越是个性的设计越能给人以冲击，给人以震撼，令人过目不忘，从而发挥最有效的市场作为，实现最有效的市场传播。这种个性的张扬涉及到形式的定位、空间的想象、材料的选择、构造的奇特、色彩的处理和方式的新颖，需整合而统一。换言之，即展位独特的形态、色彩、工艺、格调等要予以有机融合，从而形成完整的企业或展品个性。

八、会展设计的流程与控制

1. 项目接洽阶段

（1）获取参展客户信息。以下一些渠道是有可能帮助获得最初步的参展客户信息的。如上届展览会的会刊——一般比较成熟和已经固定的展会，行业中的主要厂商基本上会继续参展，所以上届会刊是很好的获取客户信息的渠道。会刊资料往往登载有平面图（可以看出是否有展位属于特装，一般面积在 36 平方米以上是需要特别布置的）、展商的联系方式和简介（有些展会也会把公司的展会负责人姓名登在上面）。会刊资料可以配合现场实景照片进行比较，重要展会进行拍摄存档（数码相片统一存放路径、电脑备份、相片纸打印编号存档以方便查阅）。

展会专设网站。比较有规模的展会基本上建有专门的网页，一般有对下届展会的宣传和以往展览的回顾，有些不仅会列出上届的展商，为显示其展会效益，网上也上传一些布置得较为美观的展位照片。

行业资讯媒体。行业资讯媒体比较熟悉其行业的展会和厂商，有些专门的采访类栏目，类似展会快报的性质，里面有参展商市场宣传方面的负责人信息。

正在服务客户的参展商手册和平面图。如果在每次展会上有已经在服务的客户参展，最好能够通过这些客户获得展位平面图（在为新客户服务时也要尽可能获得所有展商的平面图），上面是最新的参展商，该届展会上特装客户的信息可以一目了然。

（2）上门拜访客户。会展行业的业务特殊性在于它的客户基本是确定的，只是客户需要选择不同的展会供应商而已。很多的客户会进行邀稿竞标，这些是很多展览公司都可以进入的，有些供应商关系已经固定的客户需要通过其他机会再进入。很多时候，确实要参展的特装客户是需要展览服务的，可以对其进行登门拜访。

通过与客户的交谈，详细了解客户的意图，明确客户希望展示的主题、偏爱色调、是否开辟洽谈区、是否需要媒介设备等。有些客户会提供他们的公司信息给展览公司，但即便有对方的公司介绍，通过交流，业务人员需要得知其以往的展台情况，特别是为什么会放弃原有的合作关系，有哪些地方是令其感到不满意的。

有些参展客户通常邀请很多家比稿，但最后选中的方案是几个方案的集合。对于这种客户，业务人员事先很难分辨。也有个别参展客户已经有了搭建商，只是为了形式，或是为了通过比稿得到一份现成的设计图，最后自己另外找人做。目前会展行业比较混乱，该种情况希望可以通过与参展客户交流能够提前得以发觉。

（3）取得客户参展相关资料。如果得到客户的认可，同意为其会展提供策划设计，通常需要得到客户的以下资料：展馆平面图、展位面积、展商手册、客户公司介绍资料、客户公司全称、客户标准司标、客户标准字体、客户标准色标、参展产品名称规格和数量、参展产品用电要求、重点参展产品、展位制作预算。

通常不管是何种情况，参展客户都会提供设计本身需要的资料，但对于会展服务公司来说，获得客户的展位制作预算是最关键的，在投标比稿中尤为重要。有些客户会给一个大概的范围，但有些客户不愿透露，甚至本身也没有预算。我们可以收集该客户的以往同行业展位信息以进行比较，或者把一些展位图提供给客户参考选择，并告知其大致费用，请其选择参考。客户一般会选择其风格和价格都比较接近的展台图。

参展商手册和客户要求关系到设计师的方案是否能够入围进而中标，应该尽可能齐全地从客户那边获得。展商手册涉及了展馆的技术参数和规则要求等。客户要求可从以下几个方面明确：展位结构、展位材质要求、色彩要求、设计重点、照明要求、展板数量、展位高度等。

（4）明确设计图交付日期，制订工作计划。同客户明确首稿的交付时间和要求，会同设计师进行安排。对于大的项目，应该制订一份工作时间明细表，有需要可以提交给客户。

2. 设计阶段

（1）向设计师转交客户设计要求并随时与客户进行展位设计的相关沟通交流，为帮助设计部进行统一安排，业务人员应该把与客户在项目接洽中获得的客户设计要求和可能的需求风格，填写设计明细表，转交给设计部的负责人。在设计师出图过程中，业务人员应该保持同客户的即时联系，把握其可能的变化。如果有必要，应该把设计师介绍给客户，让双方可以有直接的联系。对于需要亲自去考察测量的场地，可以由业务人员或者设计师安排去现场。设计师应注意同工程施工人员保持联系，了解最新的展示材料，避免设计采用的材料陈旧或者有些设计无法实地施工。

（2）向客户交付设计初稿、设计说明、工程报价，展台初稿定下以后，会同供应商商讨并确定成本价，制作明晰的报价单。一般展台设计的报价有一个比较详细的顺序，既是为了方便具体列项，也有助于让客户明了并乐于接受，往往按照设计图从天到地或者从外到里按顺序罗列，防止漏掉项目。在报价中要对材料、颜色、形状及尺寸进行尽可能完整的描述。一份完整的报价就是一份详细的工单，便于把握施工成本核算及施工的准确性。展览设计承建中，有一部分费用是可以由客户自己向展馆支付的，但往往实践中都是由会展服务公司代交的，所以在报价中凡代场馆收费的项目一定要注明，比如电箱申请、场地管理费等。

有些客户要求在提交设计图时同时附上设计说明；但有些客户要求比较简单，只要看到实际的效果图就可以。一些形成规模的企业比较注重形象宣传，尽管没有明确要求设计图附有说明，但从今后正规化考虑，应该提倡设计师写设计说明。一般可以就展位风格、材质说明、展位功能、色彩说明、照明说明、设计重点等几个方面进行阐述。交图时，如果能够安排设计师一起同客户见面则最好，可由设计师向客户说图，解释该方案的亮点和最大的不同之处。

（3）研究客户的反馈意见并进行再次修改，客户如果是多家比稿的话，就会有一番筛选。如果要求设计师继续修改，那么应仔细了解客户真实意图，应仔细同其沟通。如果客户要求重新以不同风格再次出图，应该综合具体情况进行。

（4）交付最后定稿的设计图及工程报价。

3. 签约阶段

（1）同客户确定工程价格。在确定价格时，一定要保证所有的材料要求和其他特别要求是公司能够做到的。否则一旦客户确认而现场无法达到要求的话，将造成不利影响。

（2）明确同客户的相互配合要求。展馆现场搭建的时间一般都比较紧张，只有 2～3 天的安排时间，这其中还有客户的展览产品需要布置，有时涉及到需要提前申报的事宜，应同客户协调好双方负责的范围。

（3）签订合同。

4. 制作阶段

（1）根据部门工作单完成制作及准备工作。根据具体项目的需要，安排音视频设备、木工结构制作、地毯供应商、美工制作等部分按照设计图的要求和客户的指定进行制作。注意：在制作过程中如果有变动，应及时同设计师联系，有需要业务人员应知会客户。

（2）安排客户到工厂实地察看制作及准备情况。一般客户确认最后的效果图后就只是等待到时进场，有些较大规模的或者是客户特别重视的项目会在制作中进行监督，会展设计方应做好安排其到公司或工厂间参观的准备。

（3）完成主办、主场、展馆等各项手续。有些项目应该是于开展前向展馆或者主办方进行申报的，如果该部分工作是由会展设计单位来完成，就要就水、电、气等与客户确认，并向主办方提供必要的材料，如电图等进行审批。对于某些特殊用材如霓虹灯、高空气球等还要进行特别的审批。

5. 现场施工阶段

（1）现场展位搭建。现场施工质量的好坏决定了项目设计的初衷是否得到了实现。现在有很多的会展设计公司只注重设计不注重搭建，造成了客户的不满，这也是会展设计服务中经常有客户更换设计公司的原因。一般在搭建过程中客户也会在现场布置展品，此时最好由具体负责该项目的业务服务人员能到现场陪同，如有必要，设计师也可以到现场监督施工，以便与客户及时进行沟通。尽管实际的效果不能马上体现，但是很多客户希望能得到这样的服务。如果业务人员确实有原因不能在现场，应该提前把负责搭建布置的联系人介绍给客户。

（2）处理现场追加、变更项目。现场中经常会有一些设计中本身没有预料到的情况出现，而且客户过程也会临时提出一些要求。如果是由于设计公司本身的原因造成的，应及时进行更改，如果是客户额外提出的，应保证首先满足其合理的要求，同时对追加的部分要求客户签字并补充到总项目列表中。

（3）配合客户展品进场。实践中往往是先把展台结构布置好以后再安排展品入场的，现场的会展设计公司的工作人员一定要注意为客户服务，配合其展品进场。

（4）客户验收。所有的搭建工作完成后，要进行展位的卫生清洁，直到客户验收完，确保之后的开幕（应注意有些时候自己展台搭建完成得较早，所有工作都结束后，大家都以为没事了，但隔壁展位的施工会造成展台卫生和展品摆放等受到影响）。

6. 展会期间及撤场阶段

（1）安排展会期间现场应急服务和增值服务。在开展期间，主要是客户的接待工作，但很多时候会需要对展台进行维护和临时配置一些设备。展览公司的业务负责人员和一两个工人应在现场进行应急服务。从客户方来讲，当然希望能够在展览期间有展览公司的人在场，并且最好是他熟悉的，能够有需要的时候马上可以得到解决。现场的客户方人员应该有会展设计单位的现场服务人员的直接联系方法。

增值服务方面可以很广泛，有些业务人员在现场帮助客户做接待工作，外语水平好的可以充当翻译服务，甚至可以帮助客户发送资料、安排客户间的会面等。

（2）配合客户展品离场和现场拆除。展览结束后，应首先配合客户把展品撤离现场，再进行展位的拆除，如果客户对有些材料需要再次使用的，应帮助其打包运输；如果是需要会展设计方保存的，应主要拆装。

（3）申请退回前期预付的相关费用。完成工程后，应及时进行成本总结，向展馆或主办方申请退回事先预付的电箱申请、通信押金等费用。

7. 后续跟踪服务

做好后续服务是赢得回头客的重要原因。许多会展设计公司认为展会有些要间隔半年一年才举办一次，展会结束了也就中断了与客户的联系，从而忽略了对客户的关怀。但其实与客户方的关系是很脆弱的，客户是很容易被他人挖走的。

所谓的展览后续服务其实很广泛，比如会展设计公司可以把在展览现场的照片打印或冲洗一份给客户（包括客户本身的和其他公司的），为客户整理展会的会后总结，收集该行业的今后会展信息等；如果方便，可以邀请客户参观公司为其他行业客户设计的优秀展出等。只要会展设计公司能够在合同项目列表上为客户多付出一份努力，都将为公司在下次会展设计服务中赢得优势。

第二章

会展空间设计的应用和表现

第一节　会展空间设计中常用材质

材料类型：木材、石材、金属、玻璃、陶瓷、油漆和涂料、塑料、合成材料、纺织材料、粘接剂、五金材料、五金饰品、喷绘等。

1. 木材

（1）硬木。其中包括柳木、楠木、果树木（花梨）、白蜡、桦木（中性）。特点：花纹明显，易变形受损；宜做家具，做贴面饰材，价格高。

（2）软木。其中包括松木（白松、红松）泡桐、白杨。特点：宜做结构、木方，抗腐性差、抗弯性差，不能做家具。

（3）合成木材料：会展业应用中以合成板为主。

① 三合板：三层 1mm 木板（或叫木皮）交错叠加，常用作家具的侧板及饰面材料（花梨、榉木是如此加工制做而成的。规格多为 1220mm×2440mm。

② 合成板：五厘板、九厘板，用来做结构，可弯曲。

③ 大芯板：为克服木材变形而生，两层木板中填小木块，根据中间填充的材料不同而价格不等。常用 15～18mm 厚。

④ 木方：统一 4000mm 长，其中榉木较贵。

⑤ 压缩板：刨花板（用刨花锯末压缩而成）、密度板（用更大的压力加胶黏剂压缩，承压力大，用于做家具）；不易于钉钉子，怕水泡及潮湿。

⑥ 复合板：分为金属复合板、木材复合板、彩钢复合板、岩棉复合板等。

2. 石材

应用的石材中包括花岗岩（硬度最高，花纹细，常用做饰面）、大理石（硬度不高，花纹大）、青石、毛石、鹅卵石、雨花石。

3. 金属

（1）铁。铁材主要包括如下几种。

① 板材（铁板）。厚铁 2～200mm；薄铁 1～2mm，分冷扎黑铁（黑铁皮，角铁，可喷漆）、镀锌白铁皮（防锈，不能喷漆，有花纹）；规格为 1200mm×2400mm。

② 线材。线材分为角钢（三棱、四棱）、工字钢（做大型结构）、槽钢（做大型结构）、方钢、扁铁；长度 6000mm。

③ 管材。其中，圆管分为无缝管（成本高）、焊管、薄壁圆管，做装饰用，最小直径 16mm；方管，薄壁（2mm 厚），做装饰用最小直径 12mm，常用 20mm。

④ 型材。型材分为钢筋、钢丝、桁架（圆管或方管加上钢筋）。

（2）不锈钢。不锈钢的特点为不生锈、韧性大、强度大，但是价格高。不锈钢主要可制成如下几种。

① 板材：白板、钛金板、拉丝板、镜面板、亚光板；规格：1220mm×2440mm/1220mm×3000mm/1200mm×4000mm，厚度 0.3～2.5mm。

②线材：圆管、方管；都用做装饰，价格高。

③不锈钢制品：镜钉、镀镍。

（3）铝材。铝材在会展中广泛应用，因其产量大，比钢便宜，质地轻。

①板材：很少用，强度低，易氧化变黑。

②型材：铝窗、铝门。

4. 玻璃

玻璃简单分为普通平板玻璃和深加工玻璃。平板玻璃主要分为引上法平板玻璃（分有槽／无槽两种）、平拉法平板玻璃和浮砝玻璃三种。由于浮砝玻璃具有厚度均匀、上下表面平整平行等优点，再加上劳动生产率高及利于管理等方面的因素影响，浮砝玻璃正成为玻璃制造方式的主流，而深加工玻璃则品种众多，下面按装修中常见的品种作一一说明。

（1）普通平板玻璃

①3～4厘玻璃（mm在日常生活中也称为厘，我们所说的3厘玻璃，就是指厚度3mm的玻璃），这种规格的玻璃主要用于画框表面。

②5～6厘玻璃，主要用于外墙窗户、门扇等小面积透光造型之中。

③7～9厘玻璃，主要用于室内屏风等较大面积但又有框架保护的造型之中。

④9～10厘玻璃，可用于室内大面积隔断、栏杆等装修项目。

⑤11～12厘玻璃，可用于地弹簧玻璃门和一些活动人流较大的隔断。

⑥15厘以上玻璃，一般市面上销售较少，往往需要订货，主要用于较大面积的地弹簧玻璃门和外墙整块玻璃墙面。

（2）深加工玻璃。为达到生产生活中的各种需求，人们对普通平板玻璃进行深加工处理，主要分为以下几类。

①钢化玻璃。它是普通平板玻璃经过再加工处理而成一种预应力玻璃。钢化玻璃相对于普通平板玻璃来说，具有以下两大特征：

a. 前者强度是后者的数倍，抗拉度是后者的3倍以上，抗冲击是后者5倍以上；

b. 钢化玻璃不容易破碎，即使破碎也会以无锐角的颗粒形式碎裂，对人体伤害大大降低。

②磨砂玻璃。它也是在普通平板玻璃上面再磨砂加工而成。一般厚度多在9厘以下，以5～6厘厚度居多。

③喷砂玻璃。性能上基本上与磨砂玻璃相似，不同的改磨砂为喷砂。由于两者视觉上类同，很多用户甚至装修专业人员都把它们混为一谈。

④压花玻璃。这是采用压延方法制造的一种平板玻璃。其最大的特点是透光不透明，多使用于洗手间等装修区域。

⑤夹丝玻璃。是采用压延方法，将金属丝或金属网嵌于玻璃板内制成的一种具有抗冲击平板玻璃，受撞击时只会形成辐射状裂纹而不至于坠下伤人。故多采用于高层楼宇和震荡性强的厂房。

⑥中空玻璃。多采用胶接法将两块玻璃保持一定间隔，间隔中是干燥的空气，周边再用密封材料密封而成，主要用于有隔音、隔热要求的装修工程之中。

⑦夹层玻璃。夹层玻璃一般由两片普通平板玻璃（也可以是钢化玻璃或其他特殊玻璃）和玻璃之间

的有机胶合层构成。当受到破坏时，碎片仍黏附在胶层上，避免了碎片飞溅对人体的伤害。多用于有安全要求的装修项目。

⑧ 防弹玻璃。实际上就是夹层玻璃的一种，只是构成的玻璃多采用强度较高的钢化玻璃，而且夹层的数量也相对较多。多用于银行或者豪宅等对安全要求非常高的装修工程之中。

⑨ 热弯玻璃。由优质平板玻璃加热软化在模具中成型，再经退火制成的曲面玻璃。样式美观，线条流畅，在一些高级装修中出现的频率越来越高。

⑩ 玻璃砖。玻璃砖的制作工艺基本和平板玻璃一样，不同的是成型方法。其中间为干燥的空气。多用于装饰性项目或者有保温要求的透光造型之中。

⑪ 玻璃纸。也称玻璃膜，具有多种颜色和花色。根据纸膜的性能不同，具有不同的性能。绝大部分起隔热、防红外线、防紫外线、防爆等作用。

⑫ 光电玻璃。光电玻璃是一种新型环保节能产品，是 LED（发光二极管）和玻璃的结合体，既有玻璃的通透性，又有 LED 的亮度，主要用于室内外装饰和广告。

⑬ 调光玻璃。通电时呈现玻璃本质透明状，断电时呈现白色磨砂状不透明；不透明状态下，可以作为背投幕。

5. 陶瓷

常见的陶瓷材料有黏土、氧化铝、高岭土等。陶瓷材料一般硬度较高，但可塑性较差。除了在食器、装饰的使用外，在科学、技术的发展中亦扮演重要角色。陶瓷原料是地球原有的大量资源黏土经过萃取而成。而黏土的性质具韧性，常温遇水可塑，微干可雕，全干可磨；烧至 700° 可成陶器能装水；烧至 1230° 则瓷化，可完全不吸水且耐高温、耐腐蚀。

6. 油漆和涂料

（1）油漆。施工工期长，黏稠油性颜料，未干情况下易燃，不溶于水，微溶于脂肪，可溶于醇、醛、醚、苯、烷，易溶于汽油、煤油、柴油。

① 硝基漆：质地硬，质量好，有光泽，干得快，价格高。

② 醇酸漆：质地软，分清漆、有色漆，干得慢。

③ 稀料：硝基稀料、醇酸稀料。

（2）涂料。涂料包括乳胶漆及真石漆。乳胶漆：亚光，暗槽灯处用乳胶漆；真石漆：模仿岩石质感，能制作出浮雕效果。

7. 塑料

因其价格便宜，色彩多样，可出现多样化的效果，且透光性好等，所以塑料被广泛用于会展设计中。

（1）阳光板。中空，可弯曲有多种色彩，加工简单，受规格限制，价格高，厚度有 8mm、10mm、15mm，长度有 3000mm、4000mm、6000mm。

（2）有机板。其中包括透明有机板和有色有机板，色彩局限于纯色和茶色，脆，易脏易损坏，规格为 1200mm×1800mm，厚度最薄 0.4mm 厚，常用 2mm、3mm、4mm、5mm。

（3）白有机板（片）。白有机板（片）主要有以下几种。

①奶白片（乳白片）：透光，稍黄。

②灯箱片：有多种颜色，透光漫反射。

③瓷白片：不透光，用做贴面。

（4）亚克力。亚克力应用中包括透明亚克力（水晶效果）、彩色亚克力、亚克力灯箱（价格昂贵）；价格比有机板贵很多，但档次却高很多，硬度高，不易碎，透光效果好。

（5）塑胶 PVC 管。比铁管轻、便宜；有灰色和白色；加热时能弯曲，可用弯头、三通弯头对接；直径最小 150mm，最大 500mm，常用 400mm。

8. 合成材料

（1）铝塑板。两层铝皮中间夹 PVC 塑料，可抗腐蚀。

（2）防火板（纸制）。最厚 2mm，常用 1mm。

9. 纺织材料

（1）弹力布。有多种颜色，可进行简单印刷。

（2）绷纱。比弹力布更贵。

10. 粘接剂

会展设计中常用到的粘接剂包括万能胶、大力胶（粘防火板，一桶胶可粘 3.5 张板，铝塑板，防水）、乳白胶（粘木头，忌水）、玻璃胶（用来粘光滑物体，粘力强，防水）、瞬间胶。

11. 五金材料

常用的有钉子。

12. 五金饰品

五金饰品是近年来在中国制造业兴起的产品，随着我国生活水平的提高，人们对金属产品的美观感越来越重视。同时，欧美市场本来就有五金装饰的传统，所以这个行业越来越有蓬勃发展的势头。

五金饰品顾名思义，就是由五金原料打造出来的饰品。五金饰品出现在生活中各个角落。上至建筑物下至钥匙扣，只要注重美观感，那么就有五金饰品的用武之地。

对五金饰品具体划分，按其性质来分我们可以分为金属饰品、塑胶饰品等。按其大小来分，可分为家居饰品、机械饰品以及精致饰品和礼物饰品。目前我们所指的五金饰品大多是指礼物饰品。

五金饰品主要有小饰品、手机饰品、卡通人物、穿带饰品、十二星座、十二生肖、吊坠、字母粒、字母、吉祥物、其他饰品等等类别。东莞和温州两地为我国五金饰品的最大生产基地。

13. 喷绘

（1）喷绘布。常用喷绘布有宝丽布（无弹性，最宽可达 5000mm）、银雕布、网格布（纱网带眼半透明）。

（2）写真喷绘。机器小，最宽 1500mm，清晰点 720 点。

①膜基：塑料、灯箱片（直接喷）。

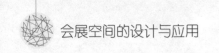

② 纸基：背胶相纸，可覆布纹膜、亚膜、亮膜，可粘于 KT 板上。

第二节 人体工程学在会展空间设计中的运用

人体工程学（human engineering），也称为人机工程学或工程学(ergonomics)，诞生于第二次世界大战之后，是探讨人们劳动、工作效果、效能规律性的一门学科。人体工程学是由 6 门分支学科组成，即，人体测量学、生物力学、劳动生理学、环境生理学、工程心理学、时间与工作研究。

人体工程学中各种尺度是在空间设计中的重要基础依据，在会展空间设计中，人体工程学更是有着不可估量的重要性。运用人体工程学的知识对尺度空间进行控制，可以使光照、色彩等效果更好地适应人的视觉，同时也产生特定的心理效果。

在会展空间设计中，参观者的基本行为是观看与行走，由此可见，了解人体在展示空间中的行为状态和适应程度后，才能确定各项空间设计和展具设计的尺度。

一、人体工程学应用到会展空间设计中的重要表现

1. 展示设计中各种空间的尺度如何适应人体的需求

人体尺度是人体工程学最基本的内容，环境和机具都是为人服务的，因此必须在各种空间尺度上复核人体的尺度。人体尺度一般是反映人体活动所占用的三维空间，包括人体高度、宽度和胸部前后径，以及各肢体活动时所占的空间。而创造良好展示环境的重要原则是注重设计和人体尺度的关系。例如：商场的陈列架过高，人就无法方便获取；而儿童玩具商场要以儿童身体尺度作为参照，并且采用圆角或磨边等手段避免伤害儿童，还可以考虑到儿童的活动特点，设计一些泡沫地垫。

（1）展示中的尺度：指与尺度关系最密切的"可容空间"的设计问题。可容空间指展示场地、通道和其他活动场地。要能保证大多数人使用，无论是通道还是休息空间，都得考虑到参观者的心理感受，使参观者不仅要参观愉悦，同时也不会出现压抑的感觉。通道最窄应容许 2 ~ 3 人并排通过，最宽通道以 6 ~ 9 人并排通过为宜。

（2）陈列密度：指展区和道具占展区地面与墙面面积百分比。较大型展区的陈列密度可保持在 30% ~ 50% 为宜。小型展区的展示，最多不超出 60% 面积。

（3）陈列高度：指展品在墙面的高度区域。最佳陈列高度为 127 ~ 187 厘米之间，可用来展示重点展品。

2. 会展空间设计中视知觉的应用

会展空间设计的沟通和传达很大程度上取决于视觉因素的营造，在人的认知过程中大约 80% 是由视觉得到的。所以对人体视觉特征的了解和研究直接关系到展示设计的成败，所以说展示设计中的人体工程学也必须对人的视知觉进行研究。

（1）空间与时间交流是视线移动的过程，形成视觉的空间感。

（2）空间与形体的交流是感知空间的最佳途径。聚集图形明确、肯定，分散图形含蓄、容易调动想象力；类似形体群体化，视觉明显、重复、韵律；异性群体，必须有一个处于重要位置，构成主次关系；

群体组合中，最单纯图形最容易浮现出来，是简单与复杂对比手段处理信息传达的良好法则。

（3）空间感知的条件。垂直与水平是视知觉的首要条件；光线的方向、亮度影响视觉感知程序，是风格、情趣及视觉传达的重要条件。由于人体工程学是一门新兴的学科，人体工程学在会展空间中应用的深度和广度，有待于进一步开发。目前已有的开展的应用方面如下。

① 确定人和人在空间内活动所需空间的主要依据。根据人体工程学中的有关计测数据，确定空间范围，在人的尺度、动作域、心理空间以及人际交往等空间方面进行把握。

② 确定家具、设施的形体、尺度及其使用范围的主要依据。通过人体工程学的研究，在环境中对家具和设施的摆放有了重要的依据，在它们的摆放周围必须留有一定的活动和使用空间。室内空间越小，停留时间越长，对这方面内容测试的要求也越高，例如车厢、船舱、机舱等交通工具内部空间的设计。

3. 提供适应人体的会展空间物理环境的最佳参数

室内物理环境主要有会展空间的热环境、声环境、光环境、重力环境、辐射环境等。有了上述要求的科学的参数后，在设计时就有可能有正确的决策。

4. 对视觉要素的计测为室内视觉环境设计提供科学依据

人眼的视力、视野、光觉、色觉是视觉的要素，人体工程学通过计测得到的数据，为室内光照设计、室内色彩设计、视觉最佳区域等提供了科学的依据。

二、人体工程学在会展空间设计中的应用

在进行会展空间设计时，虽然人与人的个体会出现不同的心理与行为，但总体上来说，仍然是具有相同的特征，会出现类似或相同的思维反应和行动，这也就正是我们在进行设计中的重要根据，我们不可能去根据每一个人进行不同的设计，只能是在人的共性中找到最中性的设计方案，来达到设计想要的最佳效果。

下面我们列举几项会展空间环境中人们的心理与行为方面的情况

1. 领域性与人际距离

领域性原是动物在环境中为取得食物、繁衍生息等的一种适应生存的行为方式。人与动物毕竟在语言表达、理性思考、意志决策与社会性等方面有本质的区别，但人在室内环境中的生活、生产活动，也总是力求其活动不被外界干扰或妨碍。不同的活动有其必须具备的生理和心理范围与领域，人们不希望轻易地被外来的人与物所打破。

会展空间环境中个人空间常需与人际交流、接触时所需的距离相结合通盘考虑。人际接触实际上根据不同的接触对象和在不同的场合，在距离上各有差异。赫尔以动物的环境和行为的研究经验为基础，提出了人际距离的概念，根据人际关系的密切程度、行为特征确定人际距离，即分为密切距离、人体距离、社会距离、公众距离。

每类距离中，根据不同的行为性质再分为接近相与远方相。例如在密切距离中，亲密、对对方有可嗅觉和辐射热感觉为接近相；可与对方接触握手为远方相。当然，由于存在着不同民族、宗教信仰、性别、

职业和文化程度等因素的影响，人际距离也会有所不同。

2. 私密性与尽端趋向

如果说领域性主要存在于空间范围，则私密性更涉及在相应空间范围内包括视线、声音等方面的隔绝要求。私密性在特殊会展空间中要求更为突出。

日常生活中人们还会非常明显地观察到：集体宿舍里先进入宿舍的人，如果允许自己挑选床位，他们总愿意挑选在房间尽端的床铺，可能是由于生活、就寝时相对地较少受干扰。同样情况也常出现于就餐人对餐厅中餐桌座位的挑选，相对地人们最不愿意选择近门处及人流频繁通过处的座位；餐厅中靠墙卡座的设置，由于在室内空间中形成了更多的"尽端"，也就更符合散客就餐时"尽端趋向"的心理要求。

3. 依托的安全感

生活、活动在会展空间的人们，从心理感受来说，并不是越开阔、越宽广越好，人们通常在大型室内空间中更愿意"依托"某些物体。

在火车站和地铁车站的候车厅或站台上，人们并不较多地停留在最容易上车的地方，而是更愿意待在柱子边，人群相对散落地汇集在厅内、站台上的柱子附近，适当地与人流通道保持距离。在柱边，人们感到有了"依托"，更具安全感。

4. 从众与趋光心理

从一些会展活动中发生的非常事故中我们可以观察到，紧急情况时人们往往会盲目跟从人群中领头几个急速跑动的人，不管其去向是否是安全疏散口。这即属从众心理。同时，人们在室内空间中流动时，具有从暗处往较明亮处流动的趋向，紧急情况时语言的引导会优于文字的引导。

在会展空间设计中，导向系统是起着至关重要的作用，设计者在创造会展空间环境时，首先应注意空间与照明的关系和标志与文字的引导，所以当出现紧急情况时，空间、照明、音响等会有很重要的作用。

5. 空间形状的心理感受

当不同形状、不同大小的界面组合而成的会展空间，会因为其各个空间的性质不同、环境不同、内容不同等，从而对人们所产生的心理感受也是不同的。

三、环境心理学在会展空间设计中的应用

运用环境心理学的原理，在会展空间设计中的应用面极广，暂且列举下述几点。

1. 会展空间设计应符合人们的行为模式和心理特征

此处以现代大型商场的室内设计为例。顾客的购物行为已从单一的购物，发展为购物—游览—休闲—信息—服务等行为。购物要求尽可能接近商品，亲手挑选、比较，由此自选及开架布局的商场结合茶座、游乐、托儿所等应运而生。

从环境中接受初始刺激的是感觉器官，评价环境或作出相应行为反应的判断是大脑。因此，"可以说对环境的认知是由感觉器官和大脑一起进行工作的"。认知环境结合上述心理行为模式的种种表现，设计者能够相较于通常单纯从使用功能、人体尺度等起始的设计依据，有了组织空间、确定其尺度范围和形状、选择其光照和色调等更为深刻的提示。

环境心理学从总体上既肯定人们对外界环境的认知有相同或类似的反应，同时也十分重视作为使用者的人的个性对环境设计提出的要求，充分理解使用者的行为、个性，在塑造环境时予以充分尊重，但也可以适当地动用环境对人的行为的"引导"，对个性的影响，甚至一定程度意义上的"制约"，在设计中辩证地掌握合理的分寸。

第三节　声光电在会展设计中的应用

告别了工业时代，数字时代在不知不觉中走向我们。新媒体作为一个以数字技术为核心的门类，它不同于绘画艺术、雕塑艺术等展示形式，它是聚声光电一体的多元化展示形式。现代的多媒体技术通过与声光电高科技手段相结合，在声音效果、视觉刺激、电子设备等形式上吸引观众的眼球，把抽象的事物通过空间多维度形式生动地展示出来，让观众产生身临其境的感受，起到了传统的单调、呆板的静态模型无法替代的作用。

在一次展会中，如果只有展品和道具，而忽视了陈列上必要的美观大方、悦目舒适的形式，其陈列的全部内容就未必能被广大观众所接受。而要实现悦目美观的陈列形式，其最好的配合手段就是声光电技术的应用。20 世纪 80 年代在中国兴起的半景画、全景画馆，其效果的展示赢得观众的青睐，声光电技术在其间的烘托无疑是起了不可磨灭的作用。这一节我们重点讲述声光电技术在当代会展设计中的应用。

一、"声"在会展设计中的应用

所谓的"声"主要是指声音和音响。

声音和音响的应用能够使空间的层次变得丰富。例如，我们在大型的家具卖场中，常常会感到所处空间过于空旷。音响的合理运用可消除空旷的感觉。再如，在一些小的展厅中，由于空间的狭窄常会令人感到情绪有些压抑，播放一些悠扬舒缓的音乐可以缓解这种压抑的感觉。因此，声音和音响能够改变参观者的心理，使其心情愉悦，从而达到吸引观众的目的。

"声"是会展中不可或缺的部分，如何将其运用得恰到好处是值得探讨的。在会展中音乐类型的选择很重要，不同的旋律和节奏会营造出不同的氛围。例如，在时装、婚纱等的展览中，可播放一些具有现代感，浪漫气息的音乐；而在历史文物、摄影展览中可播放一些舒缓柔和的音乐。节奏能够改变人的心理，无形中带来某种暗示。如轻快紧凑节奏的音乐会无形中使人的脚步加快，而温柔舒缓节奏的音乐则会使人脚步懒散，缓慢。

因此，设计师需了解产品所处的环境和参展商希望传达给参观者什么样的感受与情绪，选择正确的音乐，进行不同的心理暗示，达到令广大参观者接受并印象深刻的目的。

二、"光"与"电"在会展设计中的应用

会展形式的新颖，是给予观众第一印象和激发观众参观兴趣的重要内容。

对人的心理研究告诉我们，展览的陈列需要通过一定的技术手段才能把观众的兴趣和展品通过中介物联系起来，这个中介物就是光电技术的应用。

会展照明设计是会展活动中不可缺少，并日渐成为重要的基本条件和造型手段。目前展示照明可分为两大类：自然采光和人造光源。

自然采光是一种很优质的光源，从人的视觉感官上来说是最舒适的。1851 年的第一届世界博览会的会场"水晶宫"（图 2-1）是人类历史上第一个真正意义上的现代展示建筑。水晶宫由可拆卸的金属框架和镶嵌的玻璃构成，使用顶部采光的方式引进自然光，当时电还未被应用到展示设计中，这种采光方式无疑是展示产品的最佳方法。

图 2-1

然而，自然光源对于展示设计来说有一个明显的缺陷，就是其光线的不稳定性。展示设计要求一个相对稳定的环境，使展品无论在什么时间都能拥有最佳的视觉效果。然而将自然光作为光源，展品会因时间的不同随光线呈现不同的效果。

人造光源的起源是火。火的出现使人的生活得到改变，也是人类文明的开始。然而，最终改变世界面貌的是电的出现和电灯的发明。电光源诞生后，人们获得了有史以来最优质的人造光源，空间的照明状况也得到了极大的改善。人造光源也在展示光效设计中的优势开始逐渐显现。到目前为止，已经有许多种光源被开发出来，例如白炽灯、卤钨灯、荧光灯、金属卤素灯、陶瓷金属卤素灯、高压钠灯和发光二极管（LED）等，其中新一代 LED 的节约电能、提高光效、减少发热量，为现代灯光系统方面做出了巨大的贡献。

在会展设计中，灯光的照明对于产品的展示具有良好的表现能力。在设计实践中，光效多侧重于某个层次的照明程度，突出局部的照明效果，使设计的层次感和逻辑性更强，从而增强了设计的表现力，给观众带来与众不同的视觉感受。

（1）塑造展示空间原则。利用光的特性平衡会展空间，使会展中各个展品的细节都能呈现在参观者眼前。这种方法可以塑造出轻快、明朗的氛围。当展示的内容需要比较协调的表现时，或展示要以白色和浅色为主色调时，还可以利用自然光和人工照明相互结合来体现展品（图 2-2）。

（2）突出局部重点照明原则。当展示环境较暗或较为单调时，可采用突出局部重点照明的方法。这

图2-2　　　　　　　　　　　　图2-3

种方法可使展品在光线的衬托下显得异常明亮突出，这种方法还可以突出重点、吸引眼球，使参观者印象深刻，达到明确主题的目的（图2-3）。

（3）烘托展示氛围原则。当展品需要塑造品牌形象或企业形象时，可采用烘托展示氛围方法。情景照明本身就具有戏剧性的色彩，具有较强的视觉冲击力，能够触动参观者的内心，使其对展品留有深刻的印象。因此，用来塑造品牌形象或企业形象再合适不过。人们的视觉依赖于光线，没有光，万物的形状、色彩、体积乃至整个空间都无从谈起。在展示活动中人们对展品及空间的感受，主要取决于展品及组成空间造型的材质对光线的反射、透射和漫射。木头、玻璃、金属等材质不同，其反射、折射也不同。此外，霓虹灯、荧光灯、白炽灯和卤钨灯等灯具不同，其表现力也有很大差异，光线因其极富表现性和感染力而成为展示设计师塑造形体、营造气氛的重要造型因素。因此，利用烘托展示氛围原则来塑造品牌形象或企业形象再合适不过（图2-4）。

此外，要表现出会展的特点以及其期望达到的效果，还要遵守光效设计的其他原则要求，比如功能性原则、统一性原则、艺术性原则、安全性原则、极少原则、照度原则、亮度分布原则。而会展光效设计的根本任务是与空间、结构、色彩等设计元素一起，在大空间中塑造出一块领域明确、形象独特的企业专有展区。

总而言之，会展光效设计的目的：首先是满足观众观看展品的照明度要求，提供舒适的视觉环境，保证展品足够的亮度、观赏清晰度和合理的观赏角度；其次是保证供电系统的安全，减少光线对展品的损坏及对观众的伤害；再次是运用照明手段，渲染会展气氛，创造特定的艺术气氛。从塑造展示的主体形象、完善展示空间功能、营造会展空间氛围等方面进行了具体的分析，强调了会展光效设计在会展中的重要地位，使设计者更深层次地认识在现代会展设计中，光效设计的重要性。良好的照明设计在展厅设计中非常重要，不仅可以增加展厅的吸引力，为展品营造特别的展示氛围，而且可以有效地引导顾客深入展厅内部细细地品味展品。

在商业会展中，声、光、电往往是结合在一起运用的，以增强展示的吸引力，同时也使会展更具有

互动性，在综合运用声、光、电等手段时，要注意和谐、统一，像演奏交响乐一样，让各种不同的乐器配合起来以形成整合的力量。

第四节 新媒体技术的应用

新媒体就是网络媒体，也叫第四媒体。"新媒体"并非是一个突发现象，它是一个历史的自然延伸。"媒体"的概念包含在艺术利用媒体技术的概念里面，从机械技术到电子技术，从摄影到电影，又到20世纪20～30年代的无线电通信，再到60年代的录像，最后演变成今天所谓的新媒体。

伴随数字媒体技术、计算机网络技术的成熟，以及新材料与建筑照明等相关技术的突破性发展，当今的会展活动被一种数字化的影音图像的潮流所主导，会展的设计语言也发生了"数字化转向"，数字媒体已成为展示空间最主要的表达方式。借助于数字媒体技术的全感官传播，大大增强了会展展示的信息量，拓展了传播的潜能，增强了传播的效果。

继2010年上海世博会之后，具备交互技术功能的展示设计在国内的发展迅猛升温，各种大中小型的展会上，总能看到与最前沿的多媒体交互技术相结合的展示

图 2-4

设计。在展示设计人才的培养上，国内各设计院校和一些有设计专业的高校纷纷加大投入力度，该专业的开办和发展也处于一种火热的状态。随着多媒体交互技术的进步，展示设计在设计思维和表达方法上发生了很大的变革，为参展的公司、组织、个人以及广大观者带来了全新的感官体验，真正让展示体现出了推广和体验展品的作用与乐趣。由于多媒体具有声音、图像和文字等综合信息的传播能力，并能与参观者实时、有效地进行沟通，所以在展示设计中，多媒体交互技术的应用正成为发展的主流趋势。既然多媒体交互技术在展示设计中充当着如此重大的角色，那么什么是多媒体交互技术？在它的渗透下，展示设计应该遵循什么设计原则、呈现出何种新特征？

多媒体交互技术是指结合不同媒体，包括文字、图形、数据、影像、动画、声音及特殊效果，通过计算机数字化及压缩处理充分展示现实与虚拟环境的一种应用技术，用户可以实时参与，有意识地询问，

在一定程度上可以对原有顺序和内容予以改变，甚至包括随机、无意识的单击等行为。

一、多媒体交互技术在会展中的应用

1. 声光电技术

接下来针对声光电技术在实际中的应用成果进行说明。声光电技术将声、光、影融为一体，构建出变幻无穷的视觉效果，形成会展空间最强大的视觉冲击力。英国著名的数字艺术团体 UVA 在 2006 年为英国 V&A 博物馆创作了 Volume 数字展示装置（图 2-5），包含了 46 根光柱，每根光柱都设置了不同的音乐节奏，光柱的组合可以形成丰富的音乐曲调。当观众走近光柱时，光柱会感应到人体的移动而产生声音和色光的变化，观众连续的走动会产生不断的声光反应。被誉为上海世博会德国馆镇馆之宝的动力之源，是一个直径 3 米、质量 1 吨、密布 40 万根 LED 发光二极管的金属球（图 2-6）。金属球能在声音的作用下，通过声光电技术互动，呈现出不同的图像和色彩，同时随着观众发出声音强度的变化，金属球会互动地进行位移和画面色彩的变化。

图 2-5　　　　图 2-6

2. 360°环形影像

360°环形影像是指在环形的剧场空间内，通过 360°的环形全景视频，配合环绕立体声效，营造出一个宏大震撼、有如身临其境的梦幻空间氛围，更全面、更真实地再现视频主题，给人以视听上的非凡享受。2010 年上海世博会澳大利亚馆环形剧场，用 6 块屏幕组合成一个环形的立体屏幕，每块屏幕都可以单独进行上升下降的移动，这种 360°的环形旋转使每位观众的视野都不尽相同（图 2-7）。该环形屏幕用高科技手段的环形影像向观众展示了跳跃的袋鼠、珍奇的动植物、土著人的歌舞和现代化的建筑，呈现出澳大利亚的历史、风情与其多元文化的主题，打造出了一场视听的饕餮盛宴。上海世博会沙特馆珍宝影院（图 2-8），参观者通过缓慢前行的传送带，融入了由 25 个巨型投影仪组成的全球最大（1600平方米）的 360°巨幕影院之中，仿佛成为展示的一部分，通过强大的视觉冲击和音效震撼，让参观者感受到了沙特的自然与文化之美。

2010 年上海世博会中国馆中的"清明上河图"，高 6.5 米、长 130 余米，在 12 台电影级的投影仪同时工作下，整个活动画面以 4 分钟为一个周期，展现北宋时城市的昼夜风景。其中白天出现人物 691名，夜晚出现人物 377 名。单人物制作就工程浩大，创作方将《清明上河图》中出现的每一个人物的行为、神情、动态都分门别类，利用动画技巧，使画中人物充满生命力，栩栩如生，神态各异。画面生动活泼，给观众以强烈的视觉冲击力。

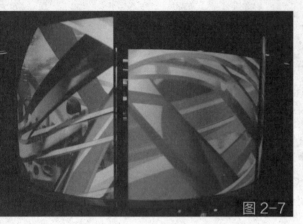

图2-7

图2-8

3. 触摸体验

当视觉经验无法证实某种信息时，人体的触觉器官就开始了能动的反应。触摸是人类用以完成一项行为的基本方式之一，当分布在全身的神经细胞感受到温度、湿度、压力、振动等外界条件的时候，人类会基于好奇产生触摸的本能反应。在现代的会展设计中，许多互动的展示装置会引导参观者通过触摸点击的形式，使会展中的展示媒介出现诸如光影、数字和符号信息上的变化，引导参观者从中感知信息、参与互动。2005年日本爱知世博会中的英国馆就设计了许多触摸互动环节，观众除了可以用眼、耳之外，还可以更多地用手去体验（图2-9），通过触摸深入浅出地体验自然科学的原理，进而理解英国馆所展示的创新发明项目。如：观众可以通过摆动展示台上的操纵杆，模拟蜘蛛人，使其按照操纵杆所指方向，在摩天大楼上轻松爬行，从而让观众感知根据壁虎以毛发附着在墙壁上爬行的原理所研制的超黏性胶带与材料的特性；还可以通过摆动展示台上的操纵杆，显示出鲨鱼随操纵杆方向不停游动，体验根据鲨鱼皮肤阻力小而游泳速度快的原理所研制的鲨鱼皮泳衣。

图2-9

二、多媒体交互技术背景下的会展设计的新特征

多媒体交互技术介入会展设计后，将影像媒介、声光电等高科技手段加以综合运用，为会展设计增加了更多数字化的表现元素，会展设计呈现出了新的局面与新的特征。

1. 展示内容丰富多彩

传统的会展受限于科技，只能在有限的空间内展示有限的展品，传达的信息量也是有限的。而数字媒体技术可将这部分不足弥补，使会展内容变得丰富起来，传达的信息量也变多。如柏林犹太人博物馆，借助数字媒体技术设计的"漂浮数字"展示区（图2-10），在一张大型的触屏展示台上飘浮着如河水般流动的大串阿拉伯数字，观众随意触动到展示台上的任一数字符号，就会有图像、文字、影片或者是视频动画等与之相应的海量信息从展示台上弹出。原来，一开始在触屏展示台上显示的数字实际上就是展示内容的超链接。

图2-10

2. 了解会展的方式更加多元化

随着科技的发展，在数字化的时代欣赏会展的方式也变得更加多元，人们可以借助网络，在电脑屏幕上搜索会展中自己感兴趣的信息，甚至许多会展在网上在线提供了虚拟会展空间。2010年上海世博会通过互联网数字媒体技术与虚拟现实技术，将150多年来一直由实体场馆展示的世博会第一次在互联网上进行了呈现。在网上，世博会的A类馆中，观众可以全方位了解馆的布局，点击鼠标进入具体展厅，了解展品情况；B类馆中，观众可以主动地进行全景式参观浏览；C类馆中，观众可以以第一人称，自由在馆内参观，体验真实的展馆情境。

3. 观众的互动性更高

过去的会展示静态的，观众在观展的过程中只能站在静止的展品面前进行片面、单一的了解。随着科技的发展，观众不满足于过去的状态，而是希望能够主动地参与会展之中，与会展理念产生共鸣。在2012年韩国丽水世博会上，中国馆最引人瞩目的就是一个直径为6米的倒置圆顶，它展示了中国在海洋探索与保护方面所取得的成绩。这个圆顶与触摸屏幕相结合，使参观者能够与海洋生物进行互动，也能触发海豚图像绕着屏幕"游泳"（图2-11、图2-12）。圆顶中的投影运用了4台科视Christie DS+10K-M投影机。

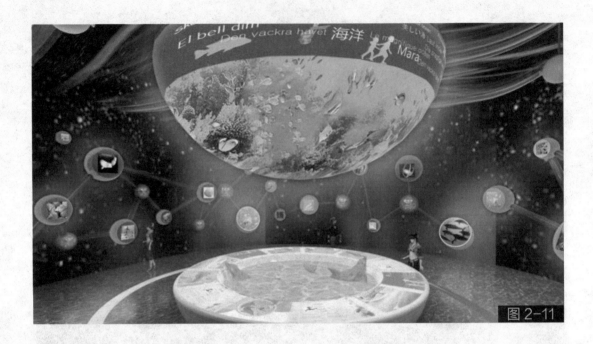

图 2-11

设计说明
Design Description

二厅主要展示海洋科技文化，天棚上的圆形屏幕上一直以星空为背景，其中蓝色光柱是中心体验区，人们通过点击触碰其中的虚拟地球便可以激活视频，向观众介绍中国海洋科技，两侧墙壁的凹凸质感与门口的冰山相呼应，当观众经过某个冰面时，冰面内的屏幕自动触发播放相关的科技内容，旋转的鱼形LED灯片使馆内充满生机，整个馆动静结合，富有节奏。能够极大的提高观众的观赏兴趣。

图 2-12

三、多媒体交互技术背景下的会展设计应遵循的原则

1. 人性化原则

人性化是指让技术和人的关系协调，即让技术的发展应用围绕人的需求来展开。在这里，人性化指的是一种理念，具体体现在享受美的同时能根据参观者的生活习惯、操作习惯方便观者，既能满足参观者的功能诉求，又能满足参观者的心理需求。在多媒体交互技术渗透下的展示设计中，人性化设计是展示设计的根本，人是作为主体来观赏、领悟展示内容的，因而也是最重要的研究对象。当然，展品是展示设计的中心，但展示设计的最终目的是如何让展品的各种特点和卖点能被观者最大限度地接受，其终极目标还是在于满足人的接受。所以展示设计师应该从用户的心理需求角度出发和考虑，综合展品的特点，在心理上契合用户的情感，满足用户的需求。展示设计应该带着一种探索人的心理需求的宗旨，而非一种单纯的信息表达，带着某种情绪与人交流，给参观者留下相应的情绪体验，让参观者在这种情绪下最大限度地将展示想要传达的信息收入大脑。强调人性化，就是在强调人在展示活动中的地位以及物质与精神上全方位的需求，要将展示信息有效地传递给参观者，使他们从中获益，就要求展示设计者为观者创造一个舒适而实用的观赏环境，要尽可能地满足参观者的信息需求与生理、心理需求。展示的效率是通过展示空间的氛围营造来实现的，也就是有些人所说的"场"。场的考虑还要从展示空间整个大的环境着手，比如展馆参观路线、照明、色彩、人流分析等，还要为儿童、老年人、残疾人服务，既要考虑无障碍设计，也可以考虑设有儿童游戏室，还要考虑到各种为公众服务的辅助场所。过去，展品的出现一直缺乏主动性，它经常以一种静态的、物质的、真实的视觉观赏出现在观者视线中。但近几年的展示活动中，参展者、设计师开始逐渐重视对展示的互动性设计，既包括展示环境的虚拟互动设计，也包括展品本身。这种有多媒体交互技术渗透的展示设计，改变了传统的设计思想，引入体验设计的理念，这在展示设计的人性化方面迈出了很大一步。多媒体交互技术在展示中的应用创造出了一个情、景、物交融的环境，既服务了展示主题，也很好地服务了观者。

2. 提高展示效率

传统的会展展示存在在时间、空间、展示效率上的浪费。特别是面对虚拟现实、动画、互动游戏等类型的信息展示时，传统展示方式几乎无从下手。因此，最好的解决办法就是使用多媒体交互技术来进行展示，在满足展出效果的同时，大大提高同一空间、多种展品、或者多家公司展出的效率。面对今天五花八门、数以亿计的信息，观众需要更加多样化的展出方式以满足自身的求知欲望。多媒体交互技术的兼容性决定了它表现的多样性，即可以有无数种方式表现同一主题——既可以主动地展出，也可以通过观众自己选择观看的内容。而且多媒体交互技术可以用最快的速度推陈出新，满足观众大量需求信息的需要，提高展示效率。

3. 由静态展示向动态展示转变

过去的展示中，我们只能看见一个真实的、平面的、静态的展示空间，在这里，一切展品信息的获得，都要靠观者自己去捕捉，展品信息的传递是被动的。这种静止的信息传达、信息传递，其功效只能是事倍功半。但是在多媒体交互技术的渗透下，我们可以利用虚拟的数字交互技术，能够看到动态下的道具和产品的所有方面，我们不用触摸到真实的展品，而是通过模拟仿真的数字展品的三维立体图像了解产

品的各个属性。动态的展示，能让产品和参观者之间有很好的动态交流；通过互动，使展示想要传达的信息以动态的方式为观者所接受，毕竟人在接受动态信息比静态信息在一定时间内能够获取得更多。这种动态的优势在国内外各大博物馆，科技馆等场所都有广泛的使用。这种展示有着明显的非物质化趋势，从传统的静态展示（在一个有限的空间内，摆放展品或一些展板）发展到现在的虚拟互动展示（即在展示中加入多媒体交互技术），这样展示就不会局限于有限的物质实体和空间，可以利用多媒体技术，将信息空间无限扩大，甚至不受地域和时空的限制。

4. 由单一观赏向综合体验转变

多媒体交互技术给展示设计带来的绝不仅仅是对传统方式的改良，还可以通过对过去的展示手段的改变，使观者对展示信息的接受度以及接受方法也随之改变。从过去的一种单方向的视觉观赏的模式，变成了一种在数字化展示空间中得到的综合互动式的体验。互动的方式不仅可以让观众的身体参与到接受信息中去，还可以通过互动方式观看动态视频，了解到展品的各个方面；通过互动，参与一些体验，不仅能得到乐趣，对展品也有更进一步的认识。这种综合体验方式的转变，给观者带来了丰富的展品体验，让观者从视觉到听觉、从嗅觉到触觉、从真实到虚拟都得到了综合的体验。

多媒体交互技术在展示设计上的应用处于起步阶段，可能会在具体设计时出现一些问题。比如：使用多媒体交互技术与展出效率不成正比；使用高科技与观众需要不相符等。因此，对于多媒体交互技术在展示设计中的应用，下一步将主要解决如何使展示设计与展示内容更好地结合，以及交互技术如何与传统展示方式很好结合的问题。加入多媒体交互技术的展示设计最为符合现代信息的传播理念，也更能调动观者的积极性，提高他们观展的兴趣，这就意味着观者并不是被动地参观展示，而是主动地体验展示内容，也体现了设计者对于参观者的人文关怀，参观者已不仅仅是旁观者，而变成了探索展品奥秘的主人。多媒体交互技术的应用，拓宽了展示内容和手段，进一步推动了现代展示设计的发展。

总之，社会的进步和科技的高速发展既对展示提出了更高的要求以及更新的设计理念，同时也为展示设计提供了先进和多样的手段和技术，为现代展示提供了广阔的发展平台，多媒体交互技术在展示设计上的应用不仅代表人们观展方式的改变，也引领着现代展示设计的发展方向。

第五节　会展空间设计制图

会展空间设计制图需要绘制的图一般包括会展平面图、立面图、剖面图、详图、流线图等。国家规定的空间设计图图纸为 5 种规格：A0 图（841mm×1189mm）、A1 图（594mm×891mm）、A2 图（420mm×594mm）、A3 图（297mm×420mm）、A4 图（210mm×297mm）。特殊情况，图纸可按比例，加长或加宽。下面以平面图、立面图、详图为例来予以讲解。

一、平面图

平面图是设计的整个灵魂，主要是表现建筑物和会展空间的平面形状、大小及相关要素的相对位置关系。会展设计制图的重点是平面图的绘制，它具体表示了会展空间的整体布置，是后续各项工作的重要依据。如图 2-13 所示，即为某次展示的平面图。

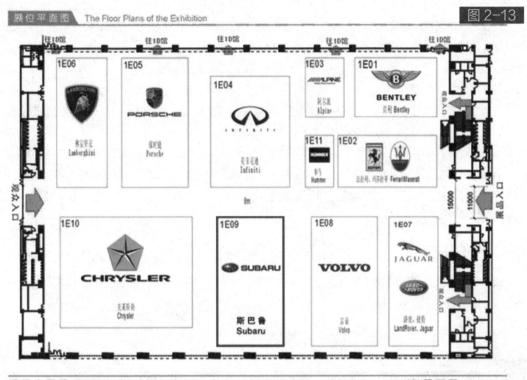

1. 平面图的概念

平面图是假设一个水平剖切平面，将空间沿水平方向剖切后去掉以上部分，是由人眼自上而下看去而绘制成的水平投影图像。

2. 平面图的基本内容

基本内容包括划分区域、展品所占空间、展品安放的位置及尺寸关系等。划分区域：各展区、展馆方位以及参展单位的展区及摊位的组成部分；序馆、分展馆、礼品部、演示区、服务区、洽谈区等的分布。

展品所占空间的大小：根据展示物的体积大小，陈列区所占空间的大小应作相应变化。

展品安放的位置及尺寸关系：由展品性质所决定，采用的有中心空间、立体空间展示等不同陈列方式；各剖面图的剖切位置、详图、通用配件等的位置及编号、尺寸标注等。

3. 平面图表示法

采用比例：室外会展空间一般为1：500、1：1000、1：2000等；室内会展空间一般为1：30、 1：50、1：100、1：200等。

采用线形：建筑物可见轮廓线用粗实线表现，展示区域划分用中实线，展品用细实线表现（图2-13）。

二、立面图

立面图能直观地反映建筑物、展示道具、展品造型等的外观形象，还能反映它们之间竖向的空间关系，及一些嵌入项目的具体位置及空间关系。如图 2-14 所示，即为立面图。

1. 立面图概念

立面图是指用假想的立面对会展空间某个方向剖切后，是由人眼向水平方向看去而绘制出的正投影。

2. 立面图的基本内容

基本内容包括：表示展示展区结构与建筑的连接方式、方法及相关尺寸；展区摊位、道具的立面式样及高度宽度尺寸，主要的结构造型尺寸；展品高、宽尺寸及环境立面的关系；绿化、组景设置的高低错落位置及尺寸。

3. 立面图表示法

建筑物可见轮廓线用粗实线表示，展示摊位、道具轮廓线用实线表示，展品用细实线表示。采用比例为 1：100、1：200 等（图 2-14）。

图 2-14 立面图

三、详图

会展设计详图是补充平面图、立面图的具体图解手段，各细部详图的设计是整个设计过程的重要组成部分，是完善施工质量的重要依据。

1.详图的概念

详图是指某部位的详细图样，用放大的比例画出那些在其他图中难以表达清楚的部位。它既可以是某位放大图，也可以是某部位节点的构造。如图2-15所示，即为局部详图。

详图有三个基本要素：一是图形详，图示的形象要真实正确；二是数据详，凡表达尺寸标注、规格尺寸、轴线及索引符号等，都必须准确无误；三是文字详，凡是不能意图式表达，需要用文字表达的应尽可能表达得完善、简明。

2.详图的基本内容

（1）各构造的连接方法及相互对应的位置关系，以及详细的尺寸数据。

（2）节点所用材料与规格以及施工要求和制作方法的文字说明。

除此之外，会展设计制图还包括参观路线图、展具设计制作图、框架设计图、版面设计图等。以上所有内容在展示设计中都是不可或缺的部分，应全面、完善地进行表达（图2-16）。

图 2-15　局部详图

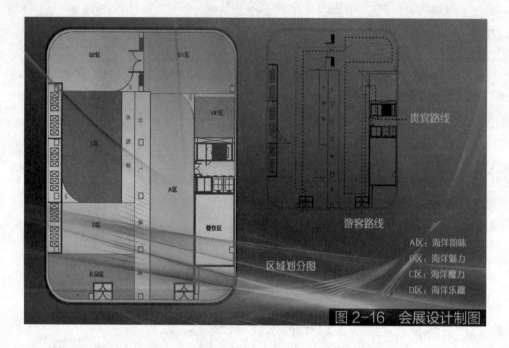

图 2-16 会展设计制图

第六节 会展空间设计案例

一、2010 年上海世博会——比利时 – 欧盟馆

场馆主题：比利时馆——运动和互动

欧盟馆——一个欧洲的智慧

设计团队：JV Realys(AOS 集团) 与 Interbuild

展馆面积：5250 平方米（1000 平方米为欧盟）

展示特点：比利时 – 欧盟馆的时尚设计（图 2-17），使其成为了世博会中的一大亮点，比利时是大众向往的理想居住地。比利时 – 欧盟馆带领着参观者在馆内品尝享誉世界的巧克力，还通过啤酒、咖啡馆和米其林 VIP 餐厅的时刻开放，让参观者体验到了仿佛来到真正的比利时国家旅游参观的美景。比利时 – 欧盟馆在世博会期间举办超过 150 个研讨会和大型会议，并设有精美且享受盛誉的钻石展。比利时探险家 Alain Hubert 远征南极洲的第一手经验、比利时大学有关未来绿色经济的学术研究成果、前沿的科技等也都是展馆的精彩内容。

会展空间设计说明：建筑外部，巨大的顶棚撑起一片与室外完全联通的公共空间，其设计灵活新颖，又兼具挡风遮雨的实用性。比利时 – 欧盟馆温和、冷静的建筑外观与新奇、迷人的内部装修构成对比。展馆共有两个入口：一个是比利时展区的入口；另一个是欧盟展区的入口。展馆主体内部主要采用"脑细胞"的结构，"脑细胞"神经元的灵感来自于比利时丰富的科学和艺术成就，以及作为欧洲政治中心之一的地位。"脑细胞"结构是比利时 – 欧盟馆的整体设计理念，"脑细胞"能表现出比利时"欧洲首都"的独特地位，同时它能够引起参观者的好奇，让他们饶有兴致地探索比利时丰富的文化形式和内涵。其他展示区域包括钻石光芒闪耀展馆、巧克力工厂等，都是以"脑细胞"为中心向外扩散，比利时馆的中心围绕式设计充分地展示出其国家的中心理念。

(a)

(b)

(c)

图 2-17

二、2010 年上海世博会——德国馆

场馆主题：和谐都市

设计团队：米拉联合设计策划有限公司

展馆面积：6000 平方米

展示特点：悬浮于空中的建筑是德国馆的造型亮点。主要展区是由三个被底座支撑起来而呈悬浮状建筑体和一个锥体形状建筑物组成，上演德国展馆最精彩的一项娱乐活动——"动力之源"。如图 2-18 ~ 图 2-21 所示。

会展空间设计说明：在德国馆的外观上，可以看到是以不同形状的几何形体构建而成，整个环境是以开放式的组合空间而成。展馆由自然景区和展馆主体组成，外墙包裹透明的银色发光建筑膜，主体由四个头重脚轻、变形剧烈、连成整体却轻盈稳固的不规则几何体构成，阐释了"和谐城市"的主题。"严思"、"燕燕"——两位特殊的虚拟讲解员，陪伴每一位参观者穿行于各个展馆。跟随候场的人群往坡上走，一张张"立方照片"出现在眼前，上面展示的是德国城市结构，独特而典型。这些"立方照片"还设置着互动立体装置，参观者好像使用望远镜一样，从中观望，探访原汁原味的德国。穿越了一条充满典型德国都市画面的"动感隧道"后，参观者们便会踏入"和谐都市"内设计布置奇妙的体验空间。其中有用灯光、色彩和声响打造的"人文花园"，展示德国设计产品的"发明档案馆"和"创新工厂"，展示各种德国发明的新型材料的"材料之园"。在"海港新貌"展厅，这里以改建汉堡港区为例，介绍了汉堡如何在保留旧有建筑的基础上，注入现代的建筑元素，赋予城区一种崭新的风貌和生活质量。德国展馆的设计方案还注重采用灯光、色彩和声响的交替变幻效果。"发明档案馆"和"创新工厂"则展示了德国的设计产品，以及"德国制造"的、显示未来发展趋向的新发明，并且使都市生活显得更美好。德国馆主要展区是由三个被底座支撑起来而呈悬浮状建筑体和一个锥体形状建筑物组成。这个锥体形状建筑物将是一个特别舞台，上演德国展馆最精彩的一项娱乐活动——"动力之源"。"动力之源"厅是展馆的磁场，它生成的能量维系着都市的生命力。最多可以有 750 名参观者同时进入展馆，分布在环绕着展厅中心的螺旋状回廊上，观看金属球。各个展示区域的相互融合，有先有后的展示路线，充分地体现出德国馆的人性化设计。

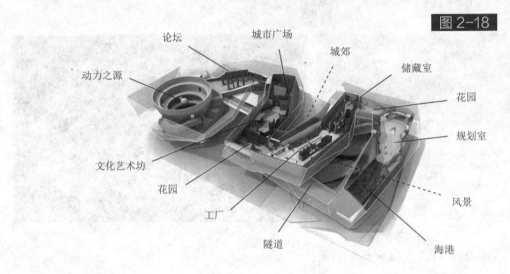

图 2-18

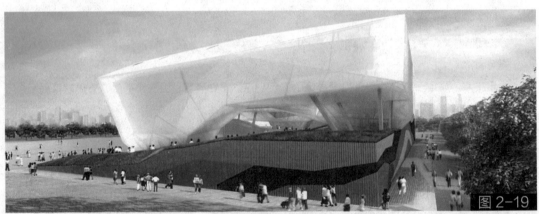

图 2-19

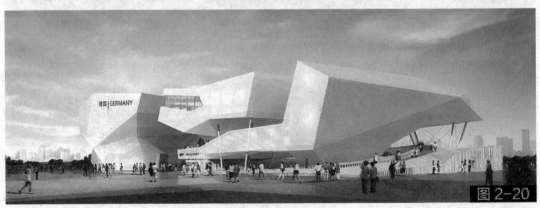

图 2-20

图2-21

三、2010年上海世博会——意大利馆

场馆主题：人之城

设计团队：Giampaolo Imbrighi

展馆面积：3600平方米

展示特点：展馆采用透明混凝土这一新型材料，实现不同透明度的渐变，显示建筑内外部的温度、湿度等。展馆设计灵感来自上海的传统游戏——"游戏棒"，由20个不规则、可自由组装的功能模块组合而成，代表意大利的20个行政大区。整座展馆犹如一座微型意大利城市，充满弄堂、庭院、小径、广场等意大利传统城市元素。展馆的设计亮点为功能模块，方便重组。

会展空间设计说明：正如游戏棒可以自由变化组合一样，意大利馆的20个建筑"积木"也可以较小的规模进行拆卸和组装，从而呈现出千变万化的姿态。从外观看，整个意大利国家馆如同分裂的马赛克，可以组成多样的图案，体现不同地区多元文化和谐共处的关系（图2-22～图2-25）。而馆内美丽的花园、散布其间的水和自然光营造出一个舒适温馨的环境。设计师在设计意大利馆时充分地体现了会展空间设计中可随意组装的设计特性，从而使参观者在游览时可以通过对外观的观赏，随意地进行想象，更加体现了设计的人性化。

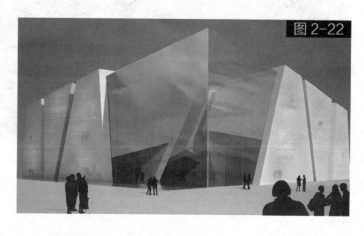

图2-22

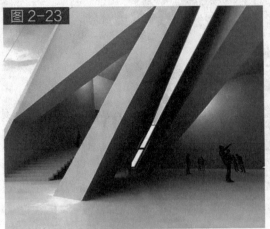

图 2-23

图 2-24

图 2-25

第三章

会展空间的
灯光表现设计

会展空间照明设计的功能与分类
会展空间照明设计的形式
会展空间照明设计的基本原则
案例设计分析

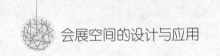

照明的首要目的是创造良好的可见度和舒适愉快的环境。照明是利用各种光源照亮工作和生活场所或个别物体的措施。利用太阳和天空光的措施称"天然采光"；利用人工光源的措施称"人工照明"。

在会展设计中，光与色对观众情感的影响最直接也最强烈。因此，光与色是设计师渲染会展空间气氛、创造空间情调的重要手段之一。

虽然光与色在会展设计中是两个不同内容，但它们之间的关系是十分紧密的，某种程度上讲，光与色决定物体的颜色状态，光是决定色彩的一个重要因素，在色彩设计中应结合光的因素给予统一的考虑。

会展照明设计的目的首先是满足观众观看展品的照度要求，提供舒适的视觉环境，保证展品有足够的亮度、观赏清晰度和合理的观赏角度；其次是保证供电系统的安全，减少光线对展品的损坏及对观众的伤害；再次是运用照明手段，渲染会展气氛，创造特定的艺术氛围。

要学习会展空间的灯光表现设计，首先要了解会展照明设计的程序。以下是会展照明设计的程序：

① 确定会展照明设计的目的及功能意图；

② 确定会展的光环境构思；

③ 确定照度、亮度的大小；

④ 选择合理的照明方式；

⑤ 选择正确的展示光源；

⑥ 选择适当的照明器具；

⑦ 确定照明器具的布置方案。

了解了会展照明设计的程序，对今后的会展照明设计会有很大的帮助。

第一节　会展空间照明设计的功能与分类

光与影本身就是一种特殊的艺术。阳光透过树梢向地面洒下一片光斑，疏疏密密随风变幻；月光下的粉墙竹影，优雅而宁静……自然界中诸如此类神奇的光影变化是无穷无尽的，也是诗人、画家的最爱。照明设计中，充分利用各种照明装置，在恰当的部位给予其匠心独具的应用，形成生动的光影效果，可以丰富空间。

一、会展空间照明的功能

1. 基础照明功能

基础照明功能能使人们有一个方便、舒适的照明环境，是对商业展示空间内照明环境的全面要求。除了满足商业展示空间内对物品的一般照明要求外，还要保证对展区内公共空间、过渡空间、工作和服务空间的基本照明。不同类型的商品，对其照度要求不相同，因此，应针对各种不同的需求设置相应的照明形式。店内基本亮度的照明能够均匀地分布在顶棚和空间上部，可作点状散开布置，也可呈带状均匀排开，还可呈片式组合。如果空间偏低可以采用吸顶式处理；如过高，则需将光源下降。

基础照明一般采用顶部照明的方式，光线应融合均匀，例如用发光天棚、吸顶式照明、入式射灯照明、顶棚格栅式照明、轨道式抽逃照明等。

一般在购物中心的店中店或专卖店，以隐蔽的镶嵌灯、槽灯、嵌入式投光射光、导轨灯居多；购物广场因为空间高，则以吊灯为主。当代的商业展示空间照明，在基础照明的设计中，有更多的气氛与装饰照明的功能要求。

2. 重点照明功能

照明在商业展示空间中，最主要的区域是信息的展示地区，最重要的照明是对展品陈列的照明，所以应该根据展品的不同类型、不同特性，选择不同的照明方式。需明亮照明的商品——如电器产品类——属于立体式商品，需要扩散性能好、无阴影的照明，同时需要仔细观看细部，因此需要采用高明度的照明。该类商品的材质、造型色彩、款式丰富，需照明器与照明度直接结合，所以应考虑使用灯具的功效和装饰形式。像书籍、音像资料类的商品需要有充分的垂直面照度，可选用荧光灯的全扩散式照明，应避免书架内产生眩光，整体书架的上下层应具有同样的照度。需显示其色彩的商品，这类产品如美容化妆品商品，由于本身需要有清洁明亮的照明效果，而且，化妆品购物需要有试妆的程序在其中，所以照明的显色性要求很高，应使用产生自然光色的白炽灯照明，使效果更自然。服饰类商品由于色彩和面料的质地在服装展示中是非常重要的，宜采用白炽灯照明，或用天然色日光灯配用灯泡，产生自然色光，使商品光泽、质感显得更为纯正。皮具类商品需要在照明上着重体现其色泽以及质地，因此也应采用明亮自然的光泽来表现。花卉类商品因光源对花的色泽、质感表现起到至关重要的作用。为了突出花卉的色彩，可采用铯光灯照明，并配合投光射灯，提高光的色泽，还可利用光照控制鲜花的开放时间。

二、会展空间照明的意义

在现代照明设计中，为了满足人们逐渐提高的审美要求，还要致力于利用光的表现力对室内空间或特定场所进行艺术加工，以增加空间或物体的表现力，其主要意义如下。

1. 丰富空间内容

照明设计中运用人工照明可以使现代生活的空间环境更加丰富。运用控制光的虚实、光影、动静、透光的角度和范围以及建立光的构图、秩序、节奏等手法，可以大大渲染空间的变幻效果，改善空间的比例，限定空间的领域，强调趣味中心，增加空间层次，明确空间导向，从而创造出一系列以人工光线为主题或线索的丰富的空间内容。

2. 强化空间性格

照明的艺术化处理，对空间性格起着画龙点睛、锦上添花的作用，使室内空间体现出各种气氛和情趣，反映着建筑物的风格以及空间的特点，突出强化了空间的功能作用或者精神内涵。

艺术照明，包括灯具自身的造型、质感以及灯具的排列组合等对空间起着点缀或强化空间艺术效果的作用。优秀的艺术照明设计的灯具选择与空间的功能、形状以及其他装饰手法相协调，可达到更为有效的空间整体艺术效果，能在人工照明中更好地体现光的表现力，使艺术照明与空间特点、装饰装修风格相得

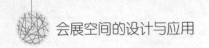

益彰，强化空间性格。

3. 渲染空间气氛

灯具不仅起到保护光源、合理分配光通量的作用，而且也是空间中非常重要的装饰装修构件。灯具的造型和灯光的色彩可以渲染空间环境的气氛，而且效果也非常明显。如：一盏盏水晶吊灯可以使门厅、客厅显得富丽堂皇；舞厅内旋转变换的灯光会使空间显得扑朔迷离，富有神秘色彩；一排排整齐的荧光灯可以使教室、办公室显得简洁大方；而外部简练的新型灯具可使人们体验到科学技术的进步，让人感到新颖明快。

总之，照明设计中，合适的灯具造型和相宜的光源色彩是形成特定空间气氛的重要手段。

三、会展空间照明设计的分类

常见的会展现场的照明方式主要有三大类：一是自然采光；二是人工照明；三是人工、自然混合采光。自然光有节约能源、光照度好、方便卫生等优点，但自然光受到时间与空间的限制，稳定性较差，所以在使用上常需要与灯光相配合。所以，商业会展中照明设计主要是以后两者为主。

会展照明的光源有荧光灯、碘钨灯、高压汞灯、钠灯、卤钨灯、霓虹灯、白炽灯、节能型射灯等。灯具主要有吸顶灯、吊灯、镶嵌灯、投光灯、壁灯、轨道灯、分色涂膜镜等。

1. 自然采光

通常将室内对自然光的利用称为"自然采光"或"采光"。自然采光，可以节约能源，并且可以在视觉上更为舒适，心理上更能与自然接近、协调。

随着现代技术的进步和新材料的不断出现，自然采光的方法与手段也日益丰富。在创造室内光环境效果的工作中，应力求光与构件的充分结合，使空间层次得到有力的表现，室内环境的结构与形式得到清楚的表达，从而提供给人以积极的信息，削减消极的信息。运用层次、对比、扬抑、节奏等技法对光进行构图，力求赋予光以均衡、稳定的秩序，达到室内环境的美观与视觉的舒适。但是不当的处理有可能导致光环境的呆板、乏味，破坏室内空间；或者导致光环境的杂乱与无序，破坏室内空间的统一与协调。这就要求在进行光环境设计的时候一定要把握相应的规律与技法。

根据光的来源方向以及采光口所处的位置，自然光可分为侧面采光和顶部采光两种。侧面采光有单侧、双侧及多侧之分，再根据采光高度位置的不同，又可分高、中、低侧光。侧面采光可选择良好的朝向和室外景观，光线具有明显的方向性，有利于形成阴影，但侧面采光只能满足有限进深的采光要求（一般不超过窗高的两倍），更深处则需要人工照明来补充。一般采光口置于1米左右的高度，有的场合为了利用更多墙面（如展厅为了争取更多的展览面积）或为了提高房间深处的照度（如大型厂房等），将采光口提高到2米以上，称为高侧窗。除特殊原因（如房屋进深太大、空间太广）外，一般多采用侧面采光的形式。顶部采光是自然采光利用的基本形式，光线自上而下，照度分布均匀，光色较自然，亮度高，效果好。但当上部有障碍物时，照度便会急剧下降，而且由于垂直光源是直射光，容易产生眩光，不具有侧向采光的优点，故常用于大型车间、厂房等。

2. 人工照明

人工照明也就是"灯光照明"，它是夜间照明的主要形式，同时又是白天室内光线不足时的重要补充。

人工照明环境具有功能和装饰两方面的作用。从功能上讲，建筑物内部的自然采光要受时间和场合的限制，所以需要通过人工照明予以补充，从而在室内创造一个人为的光亮环境，满足人们视觉工作的需要；从装饰角度上讲，除了满足照明功能之外，还要满足艺术上的要求。这两方面是相辅相成的。根据建筑功能的不同，对两者的强调也是各有侧重的，如工厂、学校等工作场所需从功能来考虑；而休息、娱乐场所则多强调其艺术效果。人工照明不仅可以构成空间，同时也能起到改变空间、美化空间作用。它直接影响物体的视觉大小、形状、质感和色彩，甚至环境的艺术效果。在进行室内照明的组织设计时，必须考虑以下几方面的因素。

（1）光照环境质量因素　合理控制照度，使工作面照度达到规定的要求，避免出现照度过强和照度不足两个极端。

（2）安全因素　这一点应在技术上给予充分考虑，避免发生触电和火灾事故，尤其是在公共娱乐场所更应如此，如必须考虑安全措施以及标识明显的疏散通道等。

（3）室内心理因素　灯具的布置、颜色等与室内装修要相互协调，室内空间布局、家具陈设与照明系统要互相融合，同时也要考虑照明效果可能会对视觉工作者所造成的心理影响以及在构图、色彩、空间感、明暗、动静以及方向性等方面是否达到了视觉上的满意、舒适和愉悦。

（4）经济管理因素　要考虑照明系统的投资和运行费用，以及是否符合照明节能的要求和规定，考虑设备系统管理维护的便利性，以保证照明系统正常、高效地运行。

室内光环境是在原有建筑环境基础上，运用灯光艺术语言及照明技巧去描绘和刻画的特定环境。对灯光艺术语言和照明技巧的运用，要充分考虑居住者年龄、性格、职业等因素，要与建筑室内的装饰风格相协调，以满足人们对居住环境质量日益增长的需求。因此专业人员在建筑环境领域要具备一定的创造和控制良好光环境的能力。

3. 自然采光与人工照明混合

通过对建筑物的合理布局和设计，充分利用太阳光，既节能，又有利于人的身心健康。在绝大多数情况下，空间对于光的需求，白天应首先考虑自然采光，当自然采光不能满足使用需求时，可以考虑补充人工照明以满足对于亮度或照度的需要。

第二节　会展空间照明设计的形式

照明实际中处理光影的手法多种多样，可以表现以光为主，也可以表现为以影为主，当然还可以光影同时表现。光影的造型是千变万化的，重要的是能够用在恰当的部位，采用恰当的形式，能突出主题思想，丰富空间内涵，从而获得良好的艺术照明效果。

一、会展空间照明形式

1. 直接照明与间接照明

一般照明又称背景照明或环境照明，是一个会展空间的基础照明，即不考虑特殊部位的需要，为照亮整个环境而设置的均匀照明方式。一般照明又分为直接照明和间接照明两种。

（1）直接照明　这是最普通和最常见的一种方式，顾名思义就是灯光直接照到物体和展品上的照明方式。大多采用顶部照明方式，将光源直接投射到展示工作面，照射面积大，遮挡性小，照明度好。这种照明形式的优点是光照强，光线的距离短，比较适合需要集中光线照明的展品陈列。目前的展示照明大都采用这种方法。

直接照明主要应用灯具有白炽灯、荧光灯和高强气体放电灯。常见的灯具形式有筒灯、吊灯、灯带、光棚等。直接照明的特点是易产生眩光，照明区与非照明区亮度对比强。

（2）间接照明　是使光线通过折射或漫射的方式投射出来，一般利用反射光槽把灯光反射出来。间接照明是光线不直接照射展品或空间，而是通过光线的反射、折射、漫射等方式，间接照亮空间和展品。这种照明方式光线比较平均柔和，眼睛感觉比较舒适放松。间接照明的特点是光线柔和、层次感强、无眩光，有很好的表现力，用来创造环境气氛和一般性照明。

间接照明常使用本白色荧光灯管、彩色荧光灯管和投光灯等，具有采光、装饰双重功能。

2. 半直接与半间接照明

（1）半直接照明　半直接照明除保证工作面照度外，天棚和墙面也能得到适当光照，使整个展厅光线柔和，明暗对比不太强烈。

（2）半间接照明　半间接照明是大部分光线照射到天花板或墙的上部，使天花板显得非常明亮、均匀，没有明显阴影。

3. 折射照明与反射照明

这两种照明都是属于间接照明的范畴。

（1）折射照明　折射照明是灯光照射到展品侧面的位置，光线经反射后照明展品。利用折射照明可以让展品更具有立体感，比较适合展示立体感较强大的展品。

（2）反射照明　反射照明会更多地使展品从另一方向得到比较平均的照度。

这两种照明方式都要注意隐蔽光源。不要造成眩光，刺激观众的视线，如果运用得当，会大大地丰富展示照明的空间表现力。

4. 立体照明与漫射照明

（1）立体照明　立体照明是利用灯光对展品进行多方位、多角度的照明，让展品获得十分丰富、非常生动的立体照明效果。这种照明方法应该强调的是，一定要有光线照射的主从之分，否则光线互相干扰，光影杂乱，反而破坏了环境气氛与展品陈列的效果。

（2）漫射照明　漫射照明是利用不同方位的灯具，照射出不同角度的光线，经过交融形成光照均匀的照明形式。漫射照明还可以用磨砂作为挡板，使光线产生扩散变得柔和，这种照明形式所取得的视觉效果，特别适合玻璃器皿、高级香水、高档工艺品的展品展示。

5. 顺光照明与逆光照明

（1）顺光照明　来自正前方的照明为顺光照明，这种照明投影少，但展品表现得比较真实。

（2）逆光照明　是来自展品背后的光线照明，即为逆光照明。此法会让展品前有剪影的效果，使用得当可使展品产生特殊的光影效果。

近些年来在商业展示空间中，有些照明设计者开始考虑到照明对室内环境风格与特色的创造，并以此来展示品牌，也就是强调照明设计辅助整个室内环境设计参与到商业空间的整体营销策略。这就要求，展示空间中的每一个灯具，从其空间自身的外观造型风格、照明方式、所在的空间位置以及在空间环境中所扮演的角色等都要考虑到商业展示的整体策划需要。

6. 整体照明与局部照明

（1）整体照明　是指整个会展现场空间的照明，又称"基础照明"。整体照明是指通常采用泛光照明或间接光照形式，也可根据场地具体情况，采用自然光作为整体照明的光源。为了突出产品的照明效果，整体照明的照度不宜太强，有一些特定的环境中，整体照明的光源可以根据展示活动的要求和人流情况，有意识地进行增强或减弱，创造一种富有艺术感染力的光环境，其他区域的整体照明不宜超出展品陈列区域的照明。通常基础照明与展品照明的亮度对比以1：3为宜，展柜内照度为基础照明的2～3倍。作为整体照明的光源，通常采用灯棚、吊灯或直接用发光器件构成的吊灯，也可沿展厅四周设置反光灯具。临时性的照明可以利用反光灯具照射天花板，以获得较柔和的反射光。为了渲染气氛，可以采用一些特殊的采光形式。

（2）局部照明　局部照明又称重点照明。与整体照明相比，局部照明更有明确的目的性，是为了满足特定视觉工作需要、特殊的审美要求，或者是为照亮某个局部而专门设置的照明。局部照明常用于要求照明的亮度高、目标集中的某些场所，通常为一些功能性的空间，例如做饭、阅读、熨烫衣服等所在区域。还有一类局部照明主要是基于美观原因而不是为了解决功能问题而设置的，它主要是用来强化空间特色或者突出某些装饰性元素的，例如建筑空间的细节部位、橱柜、架子、收藏品、装饰性陈设和艺术品等，这一类从审美和艺术的角度要在照明中突出这些元素的照明，也称为重点照明。

局部照明还具有划分空间、美化空间、形成趣味中心的特殊作用。局部照明，通常包括橱窗、陈列架及柜台的照明。局部照明是为了强调观者对展品的结构、肌理及色彩的印象。越昂贵的展示空间，对这种局部照明的对比性和要求越高。射灯因其灵活性，常被当作完成此类照明的主要灯具。射灯的光柱以不同的角度照射展品，会产生不同的效果。一般来讲，从一侧射来的光，比从正前方或后方射来的光能更好地反映展品的结构、肌理和色彩。

一般来说，为了避免因工作区域与周围相邻区域亮度反差太大所带来的不舒适感，在一个环境中部宜单独来采用局部照明。

7. 全封闭式照明

全封闭式照明常用于特殊产品或者贵重产品的展示。为符合观众的视觉习惯，一般采用顶部照明的方式，光源设在展柜的顶部，光源与展品之间用磨砂玻璃或光棚隔开，以保证光源均匀，避免出现眩光，

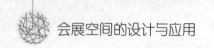

还应做光源的散热处理。

8. 垂直照明

垂直照明主要是用于墙体和展板及绘画作品的照明。这类照明大多采用直接式的照明方式；第一种是采用设在展区上方的射灯，使照明范围适当，照射角度应保持 30°左右；第二种是在展板顶部设置灯檐，内设荧光灯；第三种是利用灯箱的形式。前两种方式聚光效果强烈，后一种光线柔和，适合于文字说明。

展台大多陈列实物，一般要求使实物的立体感强烈，应多采用射灯、滑轨射灯。灯光的照射不宜太平均，大方向上要有所侧重，以侧逆光来突出物体的立体效果。一些大型的展台，可在内部设置灯光，用来照明展示绘画作品和展品，并创造出特定的环境气氛。

9. 彩光照明

彩光照明是利用色光照射空间与展品的一种照明方法。可以给空间环境笼罩一层色彩气氛，进而制造出不同的展示空间效果。有些展品，例如食品用彩光照明，更能营造出非常新鲜的视觉效果。彩光照明有时也应用在展台、展柜、展板上，在基础照明的对比下，具有很高的观赏性。所以，彩光照明对活跃空间气氛、突出重点展品陈列的作用，日益受到重视和广泛的应用。例如有的专卖店整体是非常洁白的展示环境，就是由于顶部使用了霓虹灯的圆形彩光，显得十分典雅又富有生机。

10. 装饰照明

装饰照明在会展设计中主要起到美化作用，这类用光没有什么固定模式，常见的有霓虹灯、灯箱、彩绘玻璃发光天棚及装饰灯具等。

11. 特殊照明

特殊照明是指一些专业性很强的灯光设置，如组合聚光灯、频闪灯、旋转灯、泛光灯、聚光灯以及效果投影灯等。

二、会展空间灯光照明的表现形式

1. 面光

面光是指室内天棚、墙面和地面做成的发光面。

天棚光的特点是光照均匀、光线充足、表现形式多种多样。用日光灯吊顶，光线密度均须一致，以保证每个空间都光线充足；用大面积筒灯吊顶，天棚上有规律的牛眼灯，犹如夜空中星罗棋布，结合天棚梁架结构，设计成一个个光井，光线从井格射出，产生别具一格的空间效果。

墙面光一般多应用于图片展览。把墙面做成中空双层夹墙，面向展示的一面墙做成发光的，其中嵌有若干个玻璃框，框后设置投光装置，形成发光展览墙面。大型灯箱广告也属于此类照明。

地面光是将地面做成发光地板，通常为舞池设置，多彩的发光地板，其光影和色彩伴随着电子音响的节奏而同步变化，大大增强了舞台表演的艺术气氛。

2. 带光

带光是指将光源布置呈长条形的光带。表现形式变化多样，有方形、格子形、条形、条格形、环形（圆环形、椭圆形）、三角形以及其他多边形；主要形式包括周边平面形光带吊顶、周边凹入形光带吊顶、周边光带地板、内框光带地板、环形光带地板、上投光槽、天花凹光槽、地脚凹光槽等。长条形光带具有一定的导向性，在人流众多的公共场所环境设计中常常用作导向照明，其他几何形光带一般用作装饰。

3. 点光表现

点光是指投光范围小而集中的光源。由于它的光照明度强，大多用于餐厅、卧室、书房以及橱窗、舞台灯场所的直接照明或重点照明。点光表现手法多样，有顶光、底光、顺光、逆光、侧光等。

（1）顶光：自上而下的照明，类似夏日正午日光直射。光照物体投影小，明暗对比强，不宜作为造型光。

（2）底光：自下而上的照明，宜作为辅助配光。

（3）顺光：来自正前方的照明，投影平淡，光照物体色彩呈现完全，但立体感差。

（4）逆光：来自正后方的照明，光照物体的外轮廓分明，具有艺术魅力的剪影效果，是摄影艺术和舞台天幕中常用的配光方式。

（5）侧光：光线自左右、左上、右上、左下及右下方向的照射，光照物体投影明确、立体感较强，层次丰富，是人们最容易接受的光照方式。

4. 静止灯光与流动灯光

（1）静止灯光：灯具固定不动，光照静止不变，不出现闪烁的灯光为静止灯光。绝大多数室内照明采用静止灯光。这种照明方式能充分利用光能，并创造出稳定、柔和、和谐的光环境气氛，适用于学校、工厂、办公大楼、商场、展览会等场所。

（2）流动灯光：是流动的照明方式，它具有丰富的艺术表现力，是舞台灯光和都市霓虹灯广告设计中常用的手段。如舞台是使用"追光灯"，不断追逐处于移动中的演员；又如，用作广告照明的霓虹灯不断地流动闪烁、频频变换颜色，不仅突出了艺术形象，而且渲染了环境艺术气氛。

5. 激光

激光是由激光器发射的光束。产生激光束的介质有晶体、玻璃、气体（如氦气、氖气、氦氖混合气等）和染料溶液。某些气体激光器已作为光源用于灯光艺术，其中氦氖激光器是最为常用的一种，它产生红单色光，氩离子激光器产生蓝绿色光和绿光，这两种波长的光可通过衍射光栅分离，形成两束不同颜色的单色光。

不同染料激光器可根据需要产生波长范围在 400～750nm 的任何一种激光。不过染料激光器都是以脉冲方式工作的装置，它必须依靠其激光器或电子闪光灯作为驱动源。

三、公共空间灯光照明设计的表现形式

优秀的灯光照明设计应当考虑到人们的生活方式和自身需求，从而运用不同的照明配置达到最终的使用目的和装饰效果。灯光设计必须根据使用场所、使用功能、适用对象而定，灯具选择、灯具安装、照明方式、通信艺术处理等各有不同，标准与尺度也难以统一。以下列举一些简单的例子，供读者参考和阅读。

1. 商业灯光照明设计

（1）展示中的灯光照明设计　在商店里，让顾客做出购买决定的是其所看到的商品，而这种视觉印象往往是由灯光的配置所决定的。设计师则需要通过灯光的巧妙配置，来塑造一个有特性和吸引力的、令人愉快并有安全感的商业空间环境。那么，作为设计师，需要了解什么呢？

① 明确灯光照明设计的目的

a. 提高顾客的情绪，刺激他们探寻的兴致；

b. 对环境照明及展品照明的不同处理；

c. 尽量保持商品在自然光下的特性；

d. 用灯光来调整不够完美的建筑空间；

e. 避免炫光，使购物者感觉舒适和安全；

f. 避免平淡和单一，应使各种灯具得到平衡的应用；

g. 提高灯具的配置效率，减少浪费。

② 基本的功能要求

a. 吸引顾客的注意力；

b. 创造展示的趣味性和戏剧性；

c. 创造一种积极的购物环境；

d. 灯光应对顾客产生引导性；

e. 使展示平面具有灵活性；

f. 灯光配置应首先与平面布置和材料应用相配合；

g. 整体照明环境与重点展示区的灯光对比。

③ 光的照度及数量。作为照亮整个空间的环境灯光，需要考虑灯光的照度、色彩的表达性及装饰性，以及装饰光的数量。一般情况下，展出的商品越昂贵，其商业环境光照度越低，而对被展示物品的颜色表达性与装修性越好，装饰灯的数量越多（表3-1）。参观者的第一印象十分重要，当还没有做出任何决定时，视线已经被吸引，或明或暗、与众不同的印象，是参观者对其周围环境的亮度进行比较的结果。

表 3-1　装饰灯的分类应用

应用范围	建议的照度	照度（lx）
专卖店	很低	150以下
高档商场	低	150~300
一般店铺	一般	300~500
超级市场	高	750以上
橱窗、特卖区	很高	300~3000

作为装饰性的照明，从华丽的吊灯到发光灯槽，它们对观者视线的吸引远大于它们本身的照明功能，从而成为一种吸引顾客的装饰手法，使得处在该环境空间中的物品较周围区域的物品更具竞争力。

④ 环境照明设计的技术方法

a. 在较小的空间中应尽量把灯具藏进顶棚，而在较宽敞的空间应把灯具拿出来。

b. 用光线来强调墙面和顶棚，会使小空间变大；而要使大空间变小获得私密感，可用吊灯或使用四周墙面较暗，并用射灯来强调展品。

c. 强调顶棚，用向上的灯照在浅色的表面上，会使较低的空间显得相对较高；相反，用吊灯向下投射，则使较高的空间显得较低。

d. 用灯光强调浅色的反向墙面，会在视觉上延展一个墙面，从而使较狭窄的空间显得较宽敞；而采用深色的墙面，并用射灯集中地照射展品，会降低空间的宽敞感。

（2）卖场中的灯光照明设计

卖场基本照度的要求：首层基础照明应达到 1000 ～ 1200lx，其他楼层基础照明达到 900lx 即可。

卖场内部的空间的光源主要分为自然光和人工采光两大类。过去的百货公司装饰基本上排斥自然光源，因为自然光不易控制，天气变化会导致光线强弱变化明显，所以商场的窗户都是密封的，不透光。但自然光也有很多优势，例如光色丰富，而且真实地反映商品本来的颜色；这是人工光线无法做到的。

在灯具的选择上，通常百货店在基础照明上大量采用隔棚灯和筒灯，用电量一般在 120W/m² 左右。在体育用品的楼层也会采用伞形灯具或是更昂贵的卤钨灯。在实际工作中一般采用几种灯具组合使用的办法，如基础照明用筒灯，补充照明采用罐射灯，也有基础照明采用隔棚灯，辅助照明采用筒灯的组合。这就要求设计者应通盘考虑经营的商品和工程造价等诸多因素，最后才能做出选择。

总而言之，根据不同的色彩需要、灯具位置（墙面或顶棚）以及照度，选择合适的灯具是设计师们最重要的任务。成功的商业展示的灯光设计取决于设计师与业主良好的沟通，以及各种保证安全性、可视性、高品质、充分的数量以及合理的能源消耗的技术手法。

（3）大堂、门厅的灯光照明设计参考

光源应以主题装饰照明（装饰灯具与装修结合的建筑照明）与一般功能照明结合设计，应满足功能的需要并要体现装饰性。

总体照明要明亮，照度要均匀。光源以白炽灯、低压卤钨灯为主，照明方式应采用下设施照明灯具（如筒灯、射灯等）。

应设置调光装备，或采用分路控制方式控制室内照明，以适应照明的变化（如白天与夜晚室内照度不同）。

大堂等高大空间内可设置壁灯、地灯、台灯等照明，以改善顶部照明的不足；同时也可以丰富空间层次。

服务台的照明要亮一些，在厅堂中要醒目。所以局部照度要高于其他地方。为了避免炫光，服务台的照明方式应以顾客看不到光源为宜。楼梯的照明要以暗藏式为主，以避免炫光，但又要有足够的照度。可把光源设置在扶手下、台阶下或墙角处，对楼梯直接照明。走廊的照明要亮些，照度应在 75 ～ 150lx 之间，走廊的灯具排列要均匀，以嵌入式安装为宜，光源应用白炽灯。如果楼层较高，可采用壁灯进行照明。

大堂内休息区域的照明不要太突出，并应避免炫光。光源可设置在台面上（如台灯）或用地灯。标识的照明不应突出，以只照亮标识为目的，可选用射灯、灯箱等。

大堂、门厅的照明，宜在总服务台或总控制室进行集中控制，主要楼层、楼梯、出入口，交通要道要设置应急照明灯。

（4）商业空间室内灯光照明设计参考

入口大厅和主要通道宜采用向下射灯，沿墙面安装壁灯；营业厅根据空间尺度大小可选择吸顶灯、吊灯或发光顶棚和光带墙面暗槽灯；商品陈列展示可适当增加射灯。

精品营业厅或精品部，宜选用华丽的灯具和重点照明方式，或庄重典雅，或富丽华美，灯光气氛根据商品类型及档次而定。

光源要求显色良好，一般不用选用冷光；不宜采用汞灯或钠灯，以免商品色彩失真。

照明方式一般采用混合照明、全面照明、重点照明以及装饰照明相结合，充分利用灯光艺术手段，营造商业空间，提高商品价值，增加商业气氛，吸引顾客，满足顾客的购物欲望。

2. 娱乐灯光照明设计

（1）舞台灯光设计

人类祖先在茹毛饮血时期生活在洞穴中，白天凭借太阳、晚上凭借月亮和火光，闻歌起舞，庆祝每一次胜利，这是人类最原始的舞台照明。

随着人类文明的发展，舞台照明从火光、烛光、油灯、汽灯，发展到先进的电光源，灯光设备不断更新，照明技术日趋科学、舞台灯光艺术也随之丰富多彩。

当今主宰舞台灯光照明的主人是灯光设计师。他们在控制室通过调光系统，指挥控制着整个舞台的灯光照明，灯光时明时暗、时强时弱、时冷时暖，光色如水乳交融，变幻无穷，创造了热烈欢快、光辉灿烂、富丽堂皇、高贵典雅、甜美温馨、悲戚寂寞、神秘科幻、浪漫刺激等各种时空效应和情调气氛。由于舞台灯光具有强烈的气氛烘托、场景渲染的艺术感染力，因此，它与舞台布景音响一样已经成为戏剧、电影、音乐、时装等表演舞台环境艺术不可分割的一部分。

舞台灯光设计必须掌握光的加法混合原理。灯光设计师巧妙地运用红、绿、蓝、白等色光，通过光线强调和混合光量的比例变化，便可创造出各种理想的色光。

舞台灯光的灯具除普通照明灯具以外、专门设计的特殊灯具有适用于舞台表演的造光灯、回光灯、天幕泛光灯、旋转灯、光束灯、流量灯等，不同种灯可营造出不同的艺术气氛。

激光是现代舞台灯光的新光源，所谓激光就是通过激光器发射的光束。一束激光是由若干种波长的光组成的平行光，它通常具有比普通光源发出的光束亮度大得多的功率，因此激光在舞台灯光中已得到广泛应用。如现代大型歌舞厅，强烈流动的激光束交相辉映，闪闪烁烁，加上震撼人心的音乐和舞姿，令歌者、舞者和歌舞迷们沉浸于一片音乐海洋和狂热的艺术气氛之中。光色和音乐的协调配合获得了前所未有的综合艺术效果。

（2）娱乐空间室内灯光设计参考

灯具采用装饰吊灯、舞台照灯、旋转灯、下射灯、地面灯、激光灯、霓虹灯、卤钨灯、白炽灯、追光灯、静球灯等。

照明方式变化多样，强调环境气氛的渲染，灯光随着音乐的节奏闪烁跳动，时隐时现，华丽多彩，声、光、色同步，可创造热烈、兴奋、神秘、浪漫等多种艺术气氛。

使用调光设备、音响控制设备，调节灯光的阴暗和色彩变化以及音响的强弱高低变化。

3. 餐饮灯光照明设计

在餐饮环境中的照明设计中，要创造出一种良好的气氛。光源和灯具的选择范围很广，但要与室内环境风格协调统一。

为使食物和饮料的颜色显得真实，所以选用光源的显色性要好，在营造舒适的餐饮环境气氛时，白炽灯在应用上多于荧光灯。桌上部、凹龛和座位四周的局部照明，有助于营造出亲切的气氛，在餐厅设置调光灯是必要的。餐厅内的前景照明可在 100lx 左右，桌上照明要在 300 ~ 750lx 之间。一般情况下，低照度时宜用低色温光源，随着照度变高，就有趋向白色光的倾向。对照度水平高的照明设备，若用低色温光源，就会令人感到闷热，对照度低的环境，若用高色温的光源，就会产生阴沉的气氛。但是，为了很好地看出食物和饮料的颜色，应选用色指数高的光源。

多功能宴会厅是作为宴会和其他功能使用的大型可变化空间，所以在照明器选择上应采用二方或四方连续的具有装饰性的照明方式。装饰风格要与室内整体风格协调，照度应达到 750lx。为适应各种功能要求，可安装调光器。

风味餐厅和情调餐厅的室内环境不受菜肴特点所限。环境设计应考虑给人以某种感觉和气氛。为达到这种目的，照明可采用各种形式。

快餐厅的照明可以多种多样。建筑化照明的各种灯具、装饰照明及广告照明灯具都可运用。但在设计时要考虑与环境及顾客心理相协调，一般快餐厅照明应采用简练而现代化的形式。

酒吧间照明强度要适中，酒吧后面的工作区和陈列部分要求有较高的局部照明，以吸引人们的注意力而便于操作（照度在 0 ~ 320lx）。酒吧台下可设光槽，照亮周围地面给人以安定感。

4. 时装和饰品店的灯光照明设计

照明是赋予时装店形象的主要工具。选择照明设计时应充分考虑目标顾客。照明区域的灵活性可以在塑造商店形象时游刃有余，充分突出主要产品，以引导顾客的注意力转移，照明选择可以逐步地来满足顾客的品位和要求。首先，完善时装店的形象，然后可以结合店内具体布局来设计最适合的照明方案。为了分析得更清楚，让我们以下列三种时装和饰品店为例来加以说明。

（1）高级品牌专卖店　相对较低的基本照度（300lx），暖色调（2500 ~ 3000K）和很好的显色性（$Ra > 90$）。使用较多装饰性射灯营造戏剧性的照明效果 [AF（15 ~ 30）：1]，以引起消费者对最新流行时尚的关注，并配合专卖店的氛围。

（2）普通时装店　平均照度为 300 ~ 500 lx，自然色调（300 ~ 3500K）和很好的显色性（$Ra > 90$）。结合使用大量重点照明营造轻松且戏剧性氛围 [AF（10 ~ 20）：1]。

（3）大众化商店　较高的基本照度（500 ~ 1000lx），冷色调（4000K），较好的显色性（$Ra > 80$），营造一种亲切随意的氛围。使用很少的射灯以突出商店中特定区域的特殊商品。

通过运用不同的案例，我们简要解释了照明是如何影响商品展示，营造商店的气氛。

接着，再介绍几项时装和饰品店在进行灯光照明设计时应予以注意的内容。

（1）货架陈列需求。将毛衣和衬衫平铺或倾斜排放在货架上，可以让顾客对货品一目了然，便于比较质地、颜色、面料、手感和做工等。

（2）照明建议。直接照射在衣服上的光线应该比较明亮（> 1000lx）。在第（1）类型商店专卖店中建议使用高显色钠灯（2500K），而在其他（2）、（3）两种类型时装店中可使用卤素灯或直管荧光灯具（3000 ～ 3500K）。较好的显色性（$Ra > 80$）可以引导顾客作出购买决定。

（3）选择灯具。选择时有如下的型号供参考。

① S/MBN210：白色高压钠灯，金属卤化物灯。

　　MBN110：金属卤化物灯。

② 320/330：低压卤素灯。

③ MBS101：双端金属卤化物灯。

　　MB205：双端金属卤化物灯。

④ TCS607：TLD 荧光灯。

⑤ TCS605：TLD 荧光灯。

⑥ 320/330：低压卤素灯。

⑦ SBS145：白色高压钠灯。

⑧ 60400：玻璃射胆。

⑨ TCS605：TLD 荧光灯。

⑩ TBS100/M2：TLD 荧光灯。

⑪ 60800：白色高压钠灯。

⑫ QCN210：低压卤素灯。

⑬ FBS145：PLC 紧凑型荧光灯 。

（4）衣架陈列。在服装的衣架展示技巧上，要遵循的原则是：要让顾客应该能够轻易找到自己喜爱的服装款式，并能够从容地试穿和感觉一下衣服的质感。

照明应集中在产品上（> 750lx），采用自然色调以配合服装的颜色（2750 ～ 3000K），灯光要有很好的显色性（$Ra > 80 ～ 90$）。类型（1）和（2）的时装店应该采用一些重点照明，而在类型（3）的店中，在衣架附近有针对性地采用嵌入式或悬挂式直管荧光灯具会比较有效。

（5）展示区。展示区中采用多种美工设计来展示店铺内模特所穿的服装最完美的一面。

展示时应采用戏剧性（AF 30：1）到低戏剧性（AF 5:1）效果。较亮的光线比较容易显示陈列商品的可见度。例如身着晚礼服站在餐桌边的模特，建议采用高显色钠灯或卤素灯，而金属卤化物灯则更适合照亮沙滩服饰。对于规模较小、成本较低的商店而言，一个节能管筒灯可以提供展示区内的额外光线。

四、不同效用照明的安排

1. 工作照明

工作照明是人们用眼较多的工作或活动时需要非常集中的高亮度光线照明。像药房中常用的灯、台灯，安装于橱柜下面的长条状照明灯，或者浴室中镜子两侧竖直安置的长条状灯具都可以提供工作照明。

从工作的角度出发，白炽灯的灯泡距桌面高度应按要求安装：60W 为 100cm，25W 为 50cm，15W 为 30cm。日光灯距桌面高度的要求为：40W 为 150cm，30W 为 140cm，20W 为 110cm，8W 为 55cm。

此外，工作照明应仔细考虑所需的光量，然后再将光源正确定位，避免多余阴影的干扰，必须确保当人坐着时，台灯灯泡底部插座与灯罩底部和人的眼睛成一线。

2. 隐蔽照明

将装置主题部分隐蔽于天花板之内，分成若干组的隐蔽照明，灯光向上反射。墙壁、窗帘上的隐蔽装置，也同样能达到照明效果。

3. 重点照明

定向的重点照明，即将迷人的光束或阴影投向指定点，能使绘画或雕塑突出、醒目。展示建筑特色或突出地砖、石头或窗帘材料的质地。

第三节　会展空间照明设计的基本原则

照明中利用光与影的艺术、灯光的造型和雕塑以及合理选用灯具造型等设计手法来满足艺术照明的要求，这就是艺术照明的原理。

一、会展空间照明设计基本原则

1. 安全性原则

会展灯光照明设计要求绝对的安全可靠。由于照明来自电源，所以必须采取严格的防触电、防短路等安全措施，以避免意外事故的发生。

2. 经济性原则

会展灯光照明并不一定以多为好、以强取胜，关键是科学合理。灯光照明设计是为了满足人们视觉生理和审美心理的需要，使室内空间最大限度地体现实用价值和欣赏价值，并达到实用功能和审美功能的统一。华而不实的灯光照明，必然会造成电力消耗、能源浪费以及经济上的其他损失，甚至还会造成环境污染。因此，灯光照明设计必须符合经济性原则。

3. 功能性原则

会展灯光照明设计必须符合功能的要求，根据不同空间、不同场合、不同对象，选择不同的照明方式和灯具，并保证恰当的照度和亮度。

4. 美观性原则

会展灯光照明是装饰美化环境和创造艺术气氛的重要手段。为了对室内空间进行装饰、增加空间层次、渲染环境气氛，采用装饰照明显得十分重要。

二、会展空间照明设计的基本原理

① 展品陈列的区域照度应比观众所在的区域照度高。

② 光源尽可能不裸露，角度要合适，避免出现眩光。

③ 不同的展品应选择不同的光源和光色，避免影响展品的固有色彩。

④ 最大限度地减少照明光源中的紫外线等对贵重或易损商品的损伤。

⑤ 照明过程中应注意防火、防爆、防触电及通风散热。

第四节　案例设计分析

一、2010 年上海世博会——英国馆

场馆主题：传承经典，铸就未来

设计团队：托马斯·西斯维克

展馆面积：6000 平方米

展示特点：英国馆的馆名为：种子圣殿。如图 3-1 所示，英国馆的设计是一个没有屋顶的开放式公园，展区核心"种子圣殿"外部生长有 6 万余根向各个方向伸展的触须。这些触须状的"种子"顶端都带有一个细小的彩色光源，可以组合成多种图案和颜色。所有的触须会随风轻微摇动，使展馆表面形成各种可变幻的光泽和色彩。"种子圣殿"周围的设计也寓意深远，它就像一张打开的包装纸，将包裹在其中的"种子圣殿"送给中国，作为一份象征两国友谊的礼物。亮点为会发光的盒子。

会展空间设计说明：英国馆的设计是一个没有屋顶的开放式公园，展区核心"种子圣殿"外部生长有 6 万余根向各个方向伸展的触须。触须的材质为亚克力。每一根亚克力光纤长达 7.5 米，根部都放着一颗或者几颗植物的种子，观众可以在展馆内近距离观察它们。白天，触须会像光纤那样传导光线来提供内部照明，营造出现代感和震撼力兼具的空间；夜间，触须内置的光源可照亮整个建筑，使其光彩夺目。展区中的"绿色城市""开放城市""种子圣殿""活力城市"和"开放公园"等展示观赏区域引导人们关注自然所扮演的角色。在"绿色城市"里，参观者可以"鸟瞰"英国的四大首府——贝尔法斯特、卡迪夫、伦敦和爱丁堡。当城市建筑和街道被抹掉后，这些地图中剩下的是这四大城市中大片的绿色区域和茂盛苍翠的城市景观。"开放公园"是对城市律动的鲜活展示，在这块足球场大小的开放空间里，参观者可以进行各种信息娱乐互动。在草地四周的下部，通过一座桥，还可以进入到一些更加详尽的展示区，第一个空间是"如今的英国大自然"，第二个空间是一些对未来的展示。英国馆是一个室外与室内结合在一起的展示空间，充分地体现出了人与自然、环保和谐的设计理念。

（a）

(b)

(c)

图 3-1

二、德国法兰克福照明器材展

会展详细名称为德国法兰克福照明展（Light+Building)

展会地点：法兰克福国际展览中心

展会周期：两年一届

主办单位：法兰克福国际展览公司

展会简介：法兰克福照明展是世界上最大的灯具与建筑电器展览会，自1999年首次举办以来，该展已经迅速发展成为行业内最具影响力的国际性展览会之一。照明展的成功理念建立在当前的发展趋势上，它是全面且实力雄厚的，并且是以未来为导向的。对于建筑业的设计人员、策划人员和业务人员来说，两年一届的 Light + Building 是国际上专业领域内最重要的展览会。从投资者到建筑师，从高级工程师到计划工程师、流程工程师和操作人员，从批发商到零售商，全世界灯光照明、电镀技术以及房屋和建筑物自动化行业的专业人士无一不被照明展所吸引。如今，照明展作为专业领域内最重要并且最大的展览会，得到了来自德国电气电子制造商协会、德国机械设备制造业联合会、德国卫浴、供热和空调设备联盟等领先贸易协会的大力支持。在这里可以接触到来自世界各地的高级工程师、公司决策者、批发商和零售商等专业的目标客户群体，确保参加者在最高端的平台上展示产品，并且能够更直接地了解最新潮流动向和最先进的科学技术。

展览范围：电灯、室外灯、室内灯、工业用灯、特殊用途灯、室内设计照明、家庭及装饰灯；灯泡、电灯管、放电灯管、灯泡及配件、LED技术；照明控制系统、电子管、照明系统辅助工程；建筑用电气安装及系统技术、建筑用电安装及连接技术、楼宇信息通信技术、电器检测系统等，楼宇智能技术，楼宇自动化技术，通风与空调工程，设计、安装及控系统，中央控制供暖技术，楼宇气温控制技术，楼宇设施管理技术等。

如图3-2、图3-3所示，整个展位设计采用亮丽高调设计，以白色为主，主照明与辅助照明、直射光源与漫反射光源相互辉映，产生了很好的展示效果。

图 3-2

图 3-3

会展空间的
企业形象、色彩
和图形设计

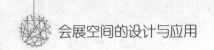

第一节　企业形象设计

一、什么是企业形象

企业形象是指企业对于自身核心文化与内涵的外在诠释，通过社会公众与企业接触交往过程中所感受到的对于企业的产品特点、行销策略、人员风格等建立起来的对企业的总体印象。通过人体的感官传递获得的这种印象，是企业精神文化的一种外在表现形式。企业形象能够真实反映企业的精神文化，能够被社会各界和公众舆论所理解和接受，是一个企业形象成功的标志，同时决定着企业的繁荣与长存。

基于对企业的印象、个人的主观识别，形成有内在性、倾向性和相对稳定性的认知态度，多数人的肯定或否定的态度才形成公众舆论。公众舆论通过大众传播媒介和其他途径（如人们的交谈、表情等）反复作用于人脑，最后影响人的行为。企业形象的优劣也会因此有所不同，当企业在社会公众中具有良好企业形象时，消费者就愿意购买该企业的产品或接受其提供的服务；反之，消费者将不会购买该企业的产品，也不会接受其提供的服务。故此，会展中的企业形象的重要性是重中之重，是一个企业推广与从新定义自己的形象的重要环节。当然任何事物都不是十全十美，但我们必须把握矛盾的主要方面，从总体上认识和把握企业形象，最大化企业的优势，使之成为企业专有的强大"竞争武器"——企业形象。

二、企业形象的组成要素

根据复杂的组成要素，我们可以将其归纳为三个层次，即理念形象、行为形象和视觉形象。企业形象是以理念识别系统为基础和核心，行为识别系统为主导，视觉识别系统为表现的整合工程。

1. 企业理念形象

由企业哲学、企业宗旨、企业精神、企业发展目标、经营战略、企业道德、企业风气等精神因素构成的企业形象子系统。

2. 企业行为形象

由企业组织及组织成员在内部和对外的生产经营管理及非生产经营性活动中表现出来的员工素质、企业制度、行为规范等因素构成的企业形象子系统。内部行为包括员工招聘、培训、管理、考核、奖惩，各项管理制度、责任制度的制定和执行，企业风俗习惯等；对外行为包括采购、销售、广告、金融、公益等公共关系活动。

3. 企业视觉形象

由企业的基本标识及应用标识、产品外观包装、厂容厂貌、机器设备等构成的企业形象子系统。其中，基本标识指企业名称、标志、商标、标准字、标准色，应用标识指象征图案、旗帜、服装、口号、招牌、吉祥物等，厂容厂貌指企业自然环境、店铺、橱窗、办公室、车间及其设计和布置。

在企业形象的这一系列整合工程中，所有的视觉表现和行为表现均必须以企业理念为依托，理念识别是视觉识别和行为识别的基础和原动力。理念形象是最深层次、最核心的部分，也最为重要，它决定行为形象和视觉形象；而视觉形象是最外在、最容易表现的部分，它和行为形象都是理念形象的载体和外化；行为形象介于上述两者之间，它是理念形象的延伸和载体，又是视觉形象的条件和基础。如果将企业形象比作一个人的话，理念形象好比是他的头脑，行为形象就是其四肢，视觉形象则是其面容和体型。

三、企业形象设计系统

企业形象设计系统是一种对于企业具有差别化和个性化战略的有效的识别系统，简称 CIS，其中包含理念识别（MI）、视觉识别（VI）和行为识别（BI）三大体系。

CIS 通过不同的传播方式和方法以企业在社会和行业结构中的特殊地位与个性化特征的途径，在社会公众心中树立起对企业的认同感和相同的价值观。

企业要随着时代背景和社会发展状况的变化而变化，不能因循守旧，企业的价值观应当针对于社会的价值观的变化而与时俱进，正因如此，企业必须通过对自己本身的重新定位，调整经营理念等手段来重新塑造自己的形象。这就是 CIS 对于企业要不断对自己进行调整来适应不断变化着的环境为自身的发展需求的意义所在，使得企业在社会与自然之间有种天然的，无形的平衡状态。大量的企业是因为其形象与现代正在发展着的时代的脱节以及对竞争发展的浅薄认识使得自己的企业处于尴尬的社会地位，只有求助于 CIS，才能根本性的改变这一状况，这也是 CIS 能够产生和发展的深厚基础。

CIS 虽然是塑造企业形象最便捷的手段，但是其也有局限性，更不能等同于企业形象本身。CIS 相对于营销、公关、广告等大众手段来说，其具有更加完整的系统性和整体性。

1. 视觉识别系统（Visual Identity，简称 VI）

视觉识别系统是从视觉的角度传播企业理念、文化特质、服务内容、企业规范等抽象语意，通过视觉设计整合转化为具体的符号概念，以标准化、统一化为准则，将企业的形象转化为具体可识别的展示来造就企业独一无二的形象与个性，提高企业的文化素质。

2. 行为识别系统（Behavior Identity，简称 BI）

行为识别系统有两个主要方面，其中，对内而言，行为识别系统是建立完善的各种制度，如组织制度、管理制度、教育训练制度、福利制度等一些行为规范；另一方面对外来说，是通过社会公益文化、公共关系行销活动等途径来传播企业理念，使得消费大众获得大众对于企业形象的认同感。这也是企业实践经营理念与企业文化创造的内在要求。

3. 理念识别系统（Mind Identity，简称 MI）

理念识别系统将精神理念如经营方针、宗旨、利益行为准则等在以企业的经营理念为基础的条件下明确化，而企业传播定位的基础就是沟通。

第二节　会展空间色彩设计

一、会展空间的色彩设计基本要素

1. 色彩的三个基本要素

色彩一共有三个基本要素：色相、明度和纯度。

色相，即色彩的相貌，指的是这些不同波长的色的情况。波长最长的是红色，最短的是紫色。把红、橙、黄、绿、蓝、紫和处在它们各自之间的红橙、黄橙、黄绿、蓝绿、蓝紫、红紫这6种中间色——共计12种色作为色相环。在色相环上排列的色是纯度高的色，被称为纯色。这些色在环上的位置是根据视觉和感觉的相等间隔来进行安排的。

色所具有的亮度和暗度被称为明度。计算明度的基准是灰度测试卡。黑色为0，白色为10，在0～10之间等间隔的排列为9个阶段。色彩可以分为有彩色和无彩色，但后者仍然存在着明度。

纯度又称饱和度、彩度，用数值表示色的鲜艳或鲜明鲜亮的程度。有彩色的各种色都具有彩度值，无彩色的色的彩度值为0，对于有彩色的色的彩度（纯度）的高低，区别方法是根据这种色中含灰色的多少的程度来计算。

2. 色彩设计的基本原则

科学、艺术、统一地组织各种色彩的色相、明度、纯度的过程就是配色的过程，这就是应遵循同一性原则、连续性原则和对比原则。

① 同一性原则——就是色彩在某一方面有相同的原则，或具有相同的纯度，或具有相同的明度或者具有相同的色相。

② 连续性原则——色彩的明度、纯度、色相依照光谱的顺序形成连续的渐变关系，根据这种变化关系选择空间色彩，即使连续的配色原则，这个原则有利于色彩之间进行统一。

③ 对比原则——在设计中可以适当地运用对比原则，同一性原则是配色的起点，是配色设计的基本，是整体环境的基础。连续性原则贯穿于整个设计之中始终围绕着几种主要色彩的对应关系。对比原则应体现在环境设计的突出之处。

图 4-1

二、会展空间色彩设计的表现

色彩在会展设计的运用中有着极强的表现力和感染力，通过参观者的视觉感受所产生的生理、心理及物理效应的反应，进而形成寓意深刻的内涵和特征。在整个会展的大环境中，色彩的作用是使人们感到舒适，满足除展会所必要的功能外更能满足人们的精神需求。在空间设计中如果将色彩所具有的一些特性发挥出来，那么设计将会迸发出迷人的魅力，事半功倍（如图4-1、图4-2）。

图 4-2

图 4-3

图 4-4

1. 色彩的物理作用

色彩对人的视觉影响主要反映在物理性质方面，诸如冷暖、远近、大小、轻重等因素。这不仅仅是物体本身对光的反射的结果，而且还存在着物体间相互作用所形成的关系错觉，色彩的物理特性在室内设计中应用最为广泛。

（1）温度感　在色彩学中，将色相不同的色彩分为冷色，温色和热色。从青紫，青至青绿色称为冷色，其中又以青色最冷；紫色是由红与青混合而成，绿色是由黄与青混合而成，因此是温色；从红、紫、红、橙、黄到黄绿色被称为热色，其中以橙色最热。这与人类长时间的感知系统是相互映衬的。红色黄色给人以炎热、躁动之感，让人联想到火辣辣的大太阳等；青色、绿色给人宁静清爽之感，诸如湖水的色泽。色温还与明度相关联，如内含白色的明色具有凉爽感，而黑色则具有温暖感（如图 4-3、图 4-4）。

（2）距离感　色彩可以利用物体之间的距离，使得人感觉进退、凹凸、远近的不同，暖色系和明度高的色彩具有前进、凸出、接近的效果，冷色系和明度较低的色彩则具有后退、凹进、远离的效果。在空间设计中色彩的这一特点应用的相当广泛，人们利用这一特点去改变空间的大小和高低，空间过高时，可利用近感色，减弱空旷感，提升亲切度；墙面过大时，宜用收缩色；柱子过细时，宜用浅色；柱子过粗时，宜用深色，以减弱粗本质感。当然，色彩的距离感也与明度有关。高明度的色彩有前进感，低明度的色彩有后退感，故人们总是感觉朝光的表面向前凸，而背光的表面向后凹。

（3）重量感　色彩的重量感在于明度和纯度，两者程度较高的颜色显得轻，如桃红、浅黄色。在多空间设计的构图中常以此达到平衡、稳定的需要，以及表现性格的需要，如轻飘、庄重等（图 4-5）。

（4）尺度感　色相和明度是决定色彩对物体大小的作用的决定性因素。暖色和明度较高的色彩具有扩散作用，物体显得很大，冷色和暗色则反之。通过对比来实现不同的明度和冷暖，空间中不同饰品、物体的大小与整个展示空间的色彩处理具有密切的关系，利用色彩来改变物体的尺度、体积和空间感，使空间内各部分关系更为和谐统一（图 4-6）。

图 4-5

图 4-6

2. 人对色彩的感情规律

不同的色彩给人的心里感觉是不一样的，因此在确定大色调的同时也要注重人们的色彩感受力。心理学家说，视觉是人的第一感觉，对视觉影响最大的是色彩。色彩心理效应是指人们对环境和自然界不同的颜色所产生的心理和生理上的反应。人的行为会受到色彩的影响是因为人会很容易地收到本身情绪的影响，而颜色则是影响情绪的主要因素之一。颜色之所以能影响人的精神状态和心绪，在于颜色源于大自然的天然色彩，蓝色的天空，金色的太阳，绿色的草地…看到这些与大自然天然的色彩一样的颜色，人们自然就会联想到相关自然物的感觉体验，这是最原始的影响。这也可能成为不同地域、不同国度和民族、不同性格的人对一些颜色具有共同感觉体验的原因。老年人适合具有稳定感的色系；沉稳的色彩也有利于老年人的身心健康；青少年适合对比度较大的色系，让人感觉到时代的气息和生活的快节奏；儿童适合纯度较高的色系；运动员适合浅蓝、浅绿等颜色，有解除兴奋和疲劳的功效；军人可用鲜艳色彩，以调剂军营的单调色彩；体弱者可用橘黄、暖绿色，使其心情轻松愉快等。

图 4-7

3. 会展空间设计与色彩

不同空间的使用功能不尽相同，色彩的设计体现出相应的变化。会展空间利用色彩的明暗度来创造气氛。使用高明度色彩可获得会展空间光彩夺目的效果；使用低明度的色彩和较暗的灯光来装饰，则给予人一种"隐私性"和温馨之感。使用纯度较低的各种灰色可以获得一种安静，柔和，舒适的空间氛围；使用纯度较高的色彩则可营造一种欢快，活泼与愉快的空间气氛（图4-7）。

第三节　会展中心图形设计

一、图形设计中的符号形象

在生活中我们可以感受到符号在设计中的运用。正因为有了符号才使得我们的设计丰富多彩。在图形设计中隐藏着符号学的原理。图形的本身就是一种符号形象，是视觉传达过程中较为直接、准确的传达媒体，它连接着人们的文化、信息方面的沟通，有着不可替代的作用。符号在图形设计中的运用影响着图形设计的表形性思维的表现。

赛车场地中，将转弯处的墙壁涂成黑黄相间条纹的图案，提醒车手集中注意力，警惕发生意外。因为每当人们看到黑黄相间的条纹时，都会产生畏惧感和警惕性，这种感觉不仅仅来自于图案色彩本身具有的视觉特性，可能也与黑黄色条纹使人们产生对虎或是蜜蜂等给人带来危险的动物的联想有关，人们对这样的图形的畏惧与警惕是人们共同生活经验中对老虎或蜜蜂的畏惧与警惕的延续；相同的绿色，却常会使人们产生心旷神怡的愉悦感，仿佛置身于茂密的丛林与清新的空气之中，生命在自然的环境下健康的生长。因此，绿色被更多地运用于医药，环保等关于生命领域中。

人类的意识过程是一个把世界符号化的过程。思维便是对符号的一种挑选、组合、转换、再生的过程。因此，符号便是思维的主题，人是靠符号来思维的。特别在平面图形设计方面，在二维空间中对字体的比例、位置、相互之间关系的设计，并且是以信息的传达为目的的，同样也是一种思维过程。然后，它并不只是普通意义上的思维。这是一个始于设计者，延续至受众观者心理活动的思维，而这一过程正是对作为思维主体的符号的一种依赖性表现。就像本文开始时提及的例子，设计者把来自于危险动物老虎、蜜蜂的外形颜色特点转换为黄黑相间的条纹符号，依赖这种符号特点向车手传达一种危险与警惕的信息。因此，我们可以说图形设计就是符号。

综上可见，合理与准确的运用符号，对于信息传达来说是十分重要的。找到一个符号 X，便可以准确的传达 Y 的信息，就成为了决定一个设计作品是否成功的关键。

二、图形设计的思维方式

想象和联想思维在图形设计中的地位是举足轻重的，是成功的先决条件，当然，图形设计也要从此入手。面对创意、思想内涵、手法、形式美感以及色彩等方面，要充分发挥想象力，做到不拘束、不拘谨、自由。

想象，是人脑对未知的执著思考，是向往未来的假设。联想，是指由一事物联系想到另一事物的心理过程，它是客观事物间相互的关联性所导致的必然结果，是人的头脑中连接记忆与想象的桥梁。

1. 类似联想

通过食物在外部形态或者内容桑的相似点进而产生的联系想象称为类似联想。看到小草就会联想到草原；看到花骨朵就会联想到百花齐放。

2. 接近联想

由一个事物联想到与其相关的事物称为接近联想。如看到云朵就会想到棉花糖；看到黄树叶就会联想到秋天。

3. 对比联想

由一事物就会联想起与之相反的事物称为对比联想。例如，大与小、长与短、粗与细、水与火、光明与黑暗、生命与死亡、战争与和平等。

4. 因果联想

由事物的因果关系所引发的联想称为因果联想。例如，尾气的过度排放，就会让人想到全球气候的变暖。

三、图形设计的组织种类

1. 正负形图形的组织

我们习惯性地将作品的主体部分称作主体物，其他的东西称为背景。但是，主体物有时并不是主体，背景也不是无足轻重的，主体物和背景的关系式相互转化的，是相互依存的。所以，如果把图认定为正形，底就为负形，或如果把底认定为正形，图就为负形，当然，图与底双方都必须具有内容的，它们之间是相互借用的。因此，把具有形象的图与底的图形称为正形和负形。

正负形图形是指正形与负形之间能够互相衬托，相互运用造型要素，最大限度地利用画面的空间，产生出具有艺术感染力的新奇的图形。设计时，正形和负形的某些部分的轮廓必须公用一根线，也就是说这根线既是正形的某一部分，又是负形的某一部分，它同时暗示两个形象（图4-8）。

2. 形与影图形的组织

物体在光源照射下产生投影是客观存在的物理现象。在艺术领域里，对于影子的表现则是有别于客观物理的影子，它不是物体投射出的影子，而是经过设计师的构思与加工，在内容上赋予了新的含义，它与现实中实际的形与影已经具有本质的区别。

形与影图形是指利用影子的特殊要素，运用置换的手法将影子进行异变成新的形象方法。在设计应用中注重物体

图4-8

图形和影子的内在联系，做到"一举两得"。影子在置换变异当中，不是简单的置换，而是在突出图形主题方面多加思考，着重影子的形象变化，注重人们视觉的感受。由此可见，影子是独特的视觉语言符号，在广泛应用当中，常常发挥着奇异效果，强化了图形语言的表达（图4-9）。

图4-9

3.异变图形的组织

异变图形是指形象在正常情况发生了某些差异。其异变的构形方法即是把图形中彼此之间相对立或冲突的某些要素，例如，形态、质感、色彩、概念、意义、内涵等进行构形而产生新的元素的特定的图形方法。

第四节　案例设计分析

一、2012 年韩国丽水世博会——现代汽车集团馆

主题：与世博同行展望美好未来

理念：现代汽车将成为全球领头企业，为人类社会做出贡献

空间构成：入口（媒体墙）→1层等候区 → 2层展馆 → 2层综合体验馆

展示特点：现代汽车集团以"与世博同行展望美好未来"为新蓝图，展示为人类社会做出贡献的全球领袖企业之风采。

会展空间设计说明：现代汽车集团馆，拥有颜色多样、形态特异的建筑外形。从入口进入集团馆就可以看到采用亲近的绘画艺术形式设计的，主题为"现代汽车先给人类的礼物"的媒体墙。这一设计不仅充分地体现了现代汽车集团的独特风格，同时也生动地展示出了企业的风采和未来愿景。与此同时，会馆里还设有等候区，在等候区中，会馆为参观者提供了现代汽车集团推出的历代车辆，让参观者在得到短暂的精神放松的同时，也可以清楚地了解到韩国汽车产业新篇章的现代汽车集团的发展历程与足迹。现代汽车集团的活力在这些行驶在亚克力气囊轨道上的汽车中表露无遗。会展中心另一侧播放着现代汽车集团支持申办2012年丽水世博会的纪录片。接下来是二层展馆，滚烫的铁水、汽车、建设等，现代

汽车集团的子公司通过自身的不断进步和发展，已经成功组建了环境友好型、资源循环型企业结构。子公司的介绍主要在进入综合体验馆之前，以主题视频形式展现给游客。二层综合体验馆，在三个墙面上播放动感影响，以此充分展示与人类同步的现代汽车集团的美好愿景。超大型影像，变化万千、雄伟壮丽的画面给游客带来与众不同的感受，让游客叹为观止。在现代汽车集团馆中，外建筑的灯光以及馆内各个区域的独特设计，都充分地展现了空间中声光电和新媒体技术的完美运用。如图 4-10 ～图 4-12 所示。

图 4-10

图 4-11

图 4-12

图 4-13

二、2010 年上海世博会——韩国馆

场馆主题：和谐城市，多彩生活

展示特点：韩国馆充满了大韩民族的特点。20 个韩文字母组成三层楼高的展馆，具有很强的立体感。韩文覆盖外观和五彩像素画装饰及使用"立体化"的展示显示出别具一格的设计理念，成为展馆的亮点。展馆外立面以立体化的韩文和五彩像素画装饰，以"沟通与融合"为主体，尽展韩国韵味。

会展空间设计说明：在韩国馆的空间设计中，充分地展现出韩国城市现在和未来影像环境。与普通建筑物不同，韩国国家馆使用韩文字母构筑，其底层的绝大部分为开放空间，以充分体现大韩民族的兼容并包，这样的形象，在展示环境中与观众结合，充分体现人性化设计，使观众在精神层面上得到放松。不同色彩的地砖构成了展馆底层地面。色彩斑斓的地面其实是按比例缩小的韩国首尔，通过影像展现"我的城市"，以环绕式的展示空间为主韩国首都首尔地图，这张地图为首尔实际面积的 1/300；第二层展示"我的生活"，用高科技手段表达文化、科技、人性和自然，以大空间展示，环绕的多媒体画面为手段，使观众对韩国有个初步的了解，同时起到了短暂的休息空间作用；"我的梦想"展区展示未来技术，并预展 2012 年丽水世博会的美妙画卷。各个展示区域的通过声光电的完美结合，体现各个区域各有千秋，高科技的多媒体艺术、崭新的符号化空间，在上海与首尔之间建立起一个崭新的桥梁。如图 4-13 ～图 4-16 所示。

图 4-14

图 4-15

图 4-16

第五章

新型会展产品
系统的
设计与应用

新型会展产品系统
新型会展产品展材设计与应用

第一节　新型会展产品系统

一、会展产品的概念

会展产品是会展产业经营营销的基础。从人们最直观的感受来说，会展产品至少包括会展的有形产品和无形产品，但是，会展产品的准确内涵却不止于此。

一般将会展产品的定义概括为：会展产品是一个整体概念，是宣传、会议、陈列、商品交易、物流、饮食、住宿、交通、游览、售后服务等一系列有形产品和无形劳务的综合。这里我们主要介绍的会展产品是指会展产业当中的有形产品的设计，也就是会展空间设计搭建过程中系统会展产品的设计与应用。

二、新型环保会展产品系统产生的必要性

展览业已成为我国经济增长的亮点和朝阳产业，它对拉动和优化一个城市产业，起着非常巨大的作用。但是，在会展业以及会展经济高速向前发展的同时，我们应该看到，由于展会周期短的必然特性，决定了展会是一个短期内搭建、拆毁、再次搭建与拆毁的往复循环过程，伴随这个循环过程的是大量建设材料的投入于应用，大量的木材资源被砍伐投入到展会的建设当中，带来的是令人触目惊心的材料浪费和生态破坏。现阶段，会展中最为常用的材料是木材，由于森林在保护环境、维系自然生态中起着至关重要的作用，过度地砍伐树木，是对自然生态环境的巨大破坏，经济发展不能以资源环境的破坏为代价。在会展的设计搭建过程中，如果采用传统装修方式，我们可以看到展馆施工场地遍地密度板、木条、钢材等垃圾和台式木工锯，金属切割机等大型设备，表面处理过程中，刮大白、打磨粉尘、刺鼻的大力胶、喷涂油漆、乳胶漆产生的气味一直到展览结束也不可能处理干净。当每个展会结束后，参展商把多媒体演示设备搬走，其他的材料全被遗弃，整个展厅一片狼藉。所有装修精美的展位在短短几小时内被砸毁，木方木板、泡沫板、大型喷绘和各种彩色贴纸满天飞舞。展位越大，

图 5-1

花的钱就越多，浪费也就越严重。所谓的会展设计成为了昙花一现，最终的结果却是制造垃圾、破坏环境、造成循环的城市环境污染（图 5-1）。

我国的会展设计制作企业必须通过优化整个展品生命周期的业务链来缩短会展设计时间、提高会

展系统产品的质量、降低成本，同时还要不断通过研发创新来满足客户对不同展馆展位的变化需求。因为展会是有时间限制的，设计者要在很短的时间内设计出能参与竞标的最佳方案，就必须认真投入全部精力。

如果大量使用一次性不可回收材料，浪费巨大的材料成本，对运输、搭建安装造成的难度可想而知。如果不是几天的短期展览而是巡展，运营成本根本无法控制，为了解决上述问题，在设计时要注意尽量地设计成可拆装、可重复使用的系统会展产品器材，要考虑运输的方便，符合运输工具的容纳范围，在运输过程中不易被损坏。在会展设计过程中引入产品模块化的理念，对系统会展产品进行模块化设计，来满足需求。实现应用模块化设计会展系统产品为会展公司和客户节约生产成本、物流成本、时间成本，加强了产品质量控制流程。

目前会展用具的回收利用率很低，以至于造成大量材料的浪费和环境的污染，且不利于可持续发展战略的实施。回收率低的原因是多方面的，其中主要原因之一是缺少再生技术，虽然可进行部分回收，但仅处于对材料进行回收的初级阶段；另一个更主要的原因，则是设计产品时没有考虑其拆卸回收性能，零部件和材料缺乏必要的标识，结果使有用的和无用的材料及零部件难以拆卸分离，使很多可重复利用的零部件无法有效地再利用，即使有些产品能够拆卸回收，但花费的代价使其失去了回收利用的价值。在这种情况下，通过模块化设计来改善展具的拆卸功能，对于节约资源、减少污染、增强展具的循环利用就显得尤为重要了。规划设计出可多次使用的模块化展具，并解决展示设计中的多样化问题。铝合金型材展览展示系统采用环保的原材料进行生产，可重复使用，完美诠释了"绿色展装"新概念。在"绿色、环保"日渐成为世人关注的焦点时，"绿色展装""环保展装"亦成为展装设计的关键词。

比如，1968年成立于德国斯图加特的奥克坦姆集团以构件式展览器材为技术核心，发展为一个独立的体系，该系统展具主要采用铝制展览器材，具有结构稳定、外形美观、容易清理，同时具备防水防火、耐磨、不变形等特点，而且安装快捷、容易拆除，可以重复利用，高效环保，是目前世界上质量最高的系统化展具，成功地将铝合金型材的独特优势应用于展览材料实践。

三、系统会展产品的设计理念

1. 基本元素

（1）标准化 系统会展产品的标准化是指产品单元结构的标准化，尤其是产品接口的标准化。系统会展产品设计所依赖的是系统会展产品的组合，即联接或啮合，又称为接口。为了保证不同功能产品的组合和相同功能产品的互换，它应具有可组合性和互换性两个特征，而这两个特征主要体现在接口上，必须具备高度的标准化、通用化、规格化的理念。

例如，图5-2~图5-5是德国伍伯塔尔大学会展空间设计专业主任约克·石教授发明的180会展产品系统的应用案例。

图5-2

图 5-3

图 5-4

图 5-5

（2）产品元素的划分　系统会展产品设计的原则是力求以少数产品组成尽可能多的产品，并在满足要求的基础上使产品精度高、性能稳定、结构简单、成本低廉，且系统会展产品结构应尽量简洁、规范，系统会展产品的联系尽可能简化。因此，如何科学地、有节制地划分系统会展产品，是系统会展产品设计中必须具备逻辑思维和富有创造性的一项工作，既要照顾制造管理方便，具有较大的灵活性，避免组合时产生混乱，又要考虑到该系统会展产品将来的扩展和向专用、变型产品的发展。划分的好坏直接影响到系统会展产品设计的成功与否。总的说来，划分前必须对系统进行仔细的、系统的功能分析和结构分析，并要注意它在整个系统中的作用及其更换的可能性和必要性。保持系统会展产品在功能及结构方面有一定的独立性和完整性。系统会展产品之间的接合要素要便于联接与分离，而系统会展产品的划分不能影响系统的主要功能（图 5-6、图 5-7）。

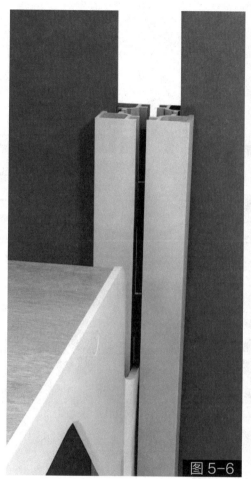

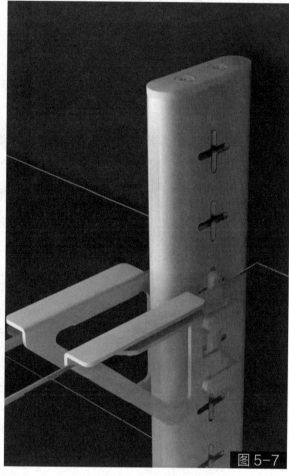

图 5-6

图 5-7

2. 系统会展产品设计的依据

对系统会展产品设计的基础是标准化的实施。标准的几何连接和一致的输入、输出接口是系统会展产品设计的基础条件。

为了实现同类系统会展产品之间的互换，严格的尺寸接口和输入输出接口的定义是必需的。几何连接接口，比如机械领域的销、面、键和螺栓等。在实际的展具制造业中随着展示设计的复杂度的增加，系统会展产品的几何连接接口也随之复杂得多。系统会展产品的设计是以会展空间设计的整体功能为前提的。

3. 会展行业实施系统会展产品设计的技术优势

在系统会展产品设计过程中可以建立强大系统数据库资源和运用先进的 CAD 等计算机辅助设计软件技术的发展，如专业会展设计软件 PHYTA、OKTADESIGN、RHINO 等，为系统会展产品设计提供了极大的便利。在系统会展产品制造业中，PRO／E 和 UG 等软件大大提高了系统会展产品产品的制造精度和速度，比如铝合金、钢制连接构件、有机片、塑料等，使得更为复杂的系统会展产品设计成为可能，这种精度和强度是木质材质无法达到的（图 5-8 ～图 5-11）。

图 5-8

图 5-9

图 5-10

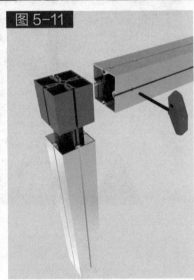

图 5-11

第二节　新型会展产品展材设计与应用

一、会展产品展材的配件应用

市场上最常见的易拉宝、X 展架、L 展架、促销台、拉网式展架、金属焊管桁架、灯箱系统等，在会展空间设计上一般作为配件应用。

1. 易拉宝

易拉宝有单面的、双面的两种，可以适合不同场地需求。从材质上讲有铝合金、不锈钢，从尺寸规格上来讲有不同宽度，如 60cm、80cm、100cm、120cm（图 5-12、图 5-13）。

易拉宝的特点：体积小、容易安装，打开即可使用。

图 5-12

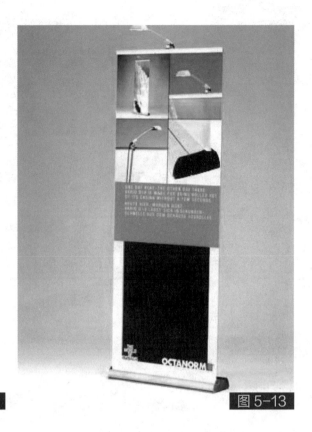

图 5-13

2. 拉网式展架

拉网式展架由网状支架和用于贴面的平板两部分组成，通过连接锁扣连接。展架之间可以通过紧锁机构互联。拉网式展架有平面展架、弧形展架，也有圆柱形拉网展柱。重要功能是做流动背景，携带时可以将拆开的模块部件装到专门配制的箱包中方便运输（图5-14）。

图5-15是德国奥克坦姆集团（OCTANORM）产品系列，其曲线型展架产品系统的基本功能与易拉宝相同，价格相对便宜。它构造简单，而且运输方便，所以经常出现在会展、商场活动中。

3. 金属焊管桁架

此产品属于模块化的初级品种，但是应用较为广泛（图5-16）。

图 5-14

图 5-15

4. 灯箱系统设计

灯箱在展示中可起到宣传广告和美化装饰的作用，在现代展示中经常使用。灯箱的大小、数量、位置、颜色是设计的几个元素。好的灯箱设计就如画龙点睛一样，活化了展示的效果。灯箱由铝合金框架结构、均匀发光板、有机板或乳化玻璃、广告画、文字、灯管和电线组成。

图 5-17 是德国奥克坦姆集团（OCTANORM）灯箱产品系统，图 5-18 是德国 MOLDO 公司灯和产品。

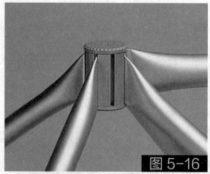

图 5-16

图 5-17

图 5-18

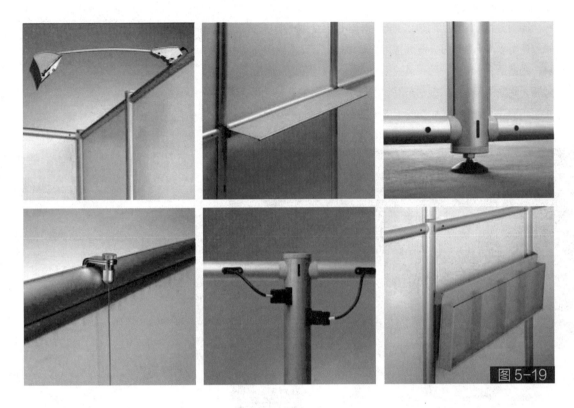

图 5-19

二、会展产品展材设计应用

1. 德国奥克坦姆集团（ＯＫＴＡＮＯＲＭ）系统会展产品设计应用

德国奥克坦姆集团公司，1969 年创立于德国菲尔德施坦特，公司是世界展览展示系统行业领袖，涵盖专业展览展示器材设计、商店陈列系统、室内装饰系统、洁净室系统等领域。奥克坦姆致力于科学研发，利用科技创造系统解决方案。其理念是创造出美观、安装快捷、易拆除、可重复利用、运输及储存方便、高环保性的铝制系统产品。

（1）快捷式展位搭建模式　特点是快速安装、提高展位搭建的工作效率、模块式结构、铝合金和环保木材制作、符合欧洲标准。一个工作人员可以完成整个展位搭建工作。电源、射灯全部配好，电线藏于铝合金型材内，整个展位可拆卸成单元运输，方便快捷。接口的标准化可以使整个展位无限进行组合，拆卸后的板材和型材可以装在特定的运输箱子中（图 5-19）。

（2）轻便式绷布塑料抓手　绷布用抓手加紧，抓手下面的滑块可以在柱状支杆的滑槽中任意移动，抓手之间依靠绷布的张力固定（图 5-20）。

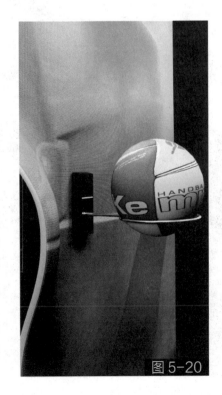

图 5-20

德国奥克坦姆集团绷布系列产品，与铝合金型材用特殊橡胶条衔接，平整度好，画面采用热转印技术，比喷绘更逼真，幅宽是3米倍数，可不需要型材对接，纵向可以无限制延展，明显优于传统的板材产品。所以可以说将来会展空间立面和顶面设计应用是绷布的天下（图5-21、图5-22）。

图 5-22

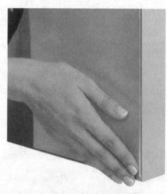

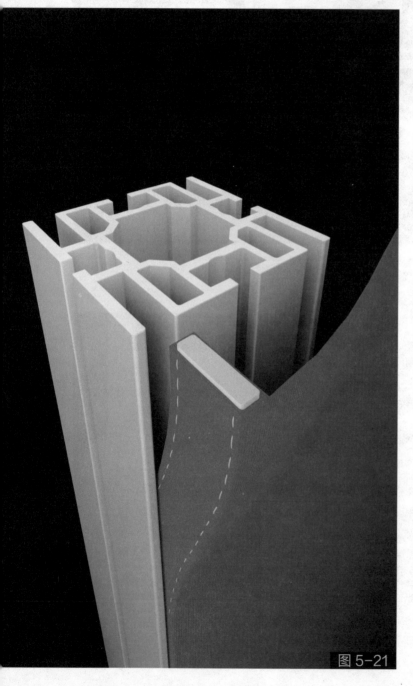

图 5-21

图 5-23

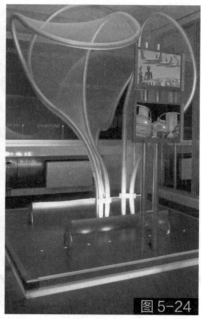

图 5-24

图 5-25

图 5-23 ~ 图 5-25 为绷布产品系统，其中图 5-25 为绷布系列产品组成的小型展位设计。

（3）墙体结构系统　墙体结构系统主要起隔断作用，源于现代工业标准化的大规模应用，所带来的墙体立面的自由组合和现代工业美感，从成本和工艺上节能创新，使得墙体更结实封闭，按照客户需求组合更自由（图 5-26 ~ 图 5-28）。

图 5-26

图 5-27

图 5-28

（4）车展、大型设备展用承重地板　德国奥克坦姆集团双层地台系统产品，电线、网线、水管等隐蔽工程穿梭自如（图5-29~图5-33），其承重力高，每平方米均匀载荷为300千克，并可在一定范围内自由调节高度。

图 5-29

图 5-30

图 5-31

图 5-32

图 5-33

图 7-34

（5）快捷式资料架　特点是展商现场自由摆放，不受空间限制，灵活置放公司宣传手册。尽管其他厂家也生产同样类型的资料架，但是奥克坦姆公司将模块化进行的更加彻底，仅通过调节资料架中间横杆的长度，就可以提高资料牌的数量（图5-34）。

2. 德国奥克坦姆集团二层楼搭建系统

此系统会展产品是该集团引以为自豪的产品系列之一，其轻型、精巧，站在上边没有晃动的感觉，技术精湛（图5-35~图5-38）。

3. 德国奥克坦姆集团公司展示柜系统

展示柜在商业展示及装饰展示中的应用非常广泛，款式别致典雅、制作精良考究的展示柜，不仅能与展示物品和谐地融为一体，提高展示物品的价值，也能进一步烘托气氛，创造更好的商业和生活环境。

铝型材展示柜是在现代展示中应势而生的，其主要组成为型材、玻璃或面板及各式各样的接头，所以结构

图 5-35

图 5-36

图 5-37

图 5-38

灵巧，易拆卸组装，便于重复使用，具有很强的可替换性，大大地提高了产品的使用率，符合了现代化产品必须节约能源的要求（图 5-39）。

4. 德国奥克坦姆集团公司洁净室产品系统

洁净室是指将一定空间范围内的空气中的微粒子、有害空气、细菌等污染物排除，并将室内的温度、洁净度、室内压力、气流速度与气流分布、噪音振动及照明、静电控制在某一需求范围内，而所给予特别设计的房间。亦即是不论外在的空气条件如何变化，其室内均能具有维持原先所设定要求的洁净度、温湿度及压力等性能的特性。

洁净室最主要的作用在于控制产品（如硅芯片等）所接触的大气洁净度及温湿度，使产品能在一个良好的环境空间中生产、制造。工业应用范围包括：药厂、生物技术、食品和饮料厂、微电子行业、半导体行业、光学实验室。利用洁净室产品系统的核心理念，运用到会展设计中，从而发展绿色环保的会展方向（图 5-40、图 5-41）。

图 5-39

图 5-40

图 5-41

三、会展产品的发展展望

目前我国的模块化展具业发展遇到一个前所未有的一个契机。

首先，我国宏观经济的持续向好为会展业的发展打下了坚实的基础：我国成为继美国、德国之后的全球第三大经济体，世界第三大贸易国，经济的增长不断为我国会展业的发展注入新的活力。国内国际市场更加开放，资源必将得到最优化配置，我国正在成为世界制造业中心，并向世界研发、采购、销售和物流中心发展，我国制造正向中国创造发展，也将成为世界会展中心并为中国系统会展产品展材的发展提供了更广的舞台。

其次，系统会展产品展材的绿色环保、重复使用、搭建周期短等功效越来越被参展商认可。国家在政策提倡"节约能源、创节约型社会""标准展位特装化，特装展位标准化"理念现在被越来越多的展览界人士所接受。系统会展产品最大的竞争对手，是木结构搭建方式，从某种意义来说，应用木质设计的展台是模块化展示系统真正的竞争对手。在整个展览行业的展览会中，随着会展业绿色环保概念的引入和对其认知度的提升，整个系统会展产品展材的使用比例也越来越大了，目前展览业的蓬勃发展，对搭建的时间要求越来越短了，因为搭建时间越长，搭建成本就会越多，要求搭建时间快，系统会展产品展材的搭建，在时间上有着绝对的优势。

再次是现代展会对展具的储运要求越来越高了。目前各种展会异地搭建的情况越来越多，企业参加的巡展也越来越多，这样要求搭建所用的展具要方便运输，方便异地搭建，而模块化展具都能很好地完全满足这几点要求。比如，北京中展工程有限公司曾经只用了一套系统会展产品，就为国家贸促会展览部完成了全球巡展多个展台的设计搭建，假设用传统装修的木质结构来进行全球巡展的搭建，是不切实际的。

而且对整个展览行业来说，国际展览业的巨头公司都非常看好中国市场，都在加速进入中国市场，系统会展产品在国外的使用率要超过 80%，认知度非常高，这也在一定程度上给国内的搭建公司起到了示范作用，加速了新型环保型系统会展产品在我国的广泛应用。

第六章

新语言——
网络云展会空间设计

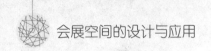

第一节　云展会综合介绍

云展会是指以网络为媒介，通过电子商务等信息技术以扩展更大的会展空间，即空间云计算机虚拟展会。在今天这个信息化的时代，网络技术迅速发展，虚拟展会应运而生，网络与多媒体技术相结合，使得云展会的发展更加快速、便捷。虚拟、现实、互联网以及传统展会行业的结合，为其诞生形成了必要的土壤。

云展会这种新形式的虚拟会展，是利用网络虚拟空间进行的会展以及贸易的活动。这种技术用到了三维虚拟、并能实现立体互动的方式，更多地强调了用户的体验。凭借 2010 年上海世博会的成功举办，会展业在国际上影响力的扩大，随之也带来了一种新形式的网上虚拟会展。这种虚拟会展的发展，加速催化了云展会这种商业模式的应用，推动着 3D 虚拟会展的发展，同时也给予云展会更大的发展空间与前景。

随着当下的社会发展趋势，人类的生存空间也是越来越小。对于会展企业来说，城市是其发展的主要场所，逐渐缩小的空间让会展行业受到一定的限制。现有局势也潜移默化地推动网络云展会的发展，面对今天多种多样的信息量，仅利用传统展会来传播信息已经远远不够，观众信息需求量也在增长，网络信息的多样性恰恰也是在弥补传统展会所带来的空缺，云展会作为后起新秀不但可以满足会展自身的需求，而且还以迅猛的发展速度带动会展行业自身的发展前景。

云展会可以凭借科技发展，利用完善的多媒体技术，让人们能够更多地通过现有的技术来表达更多不可思议的展示，用科技来冲击人们的视觉。网络云展会这种新语言，能给设计师带来更多想法，是一种与众不同的发展新方向。全新的设计理念对于设计者来说也是一种挑战，通过研究探讨并对艺术进行升华，新的会展业发展方向也会带了更多的经济效益，对于人才的需求也在开始扩增。据估计，3D 虚拟展会在未来的 5年里市场容量将会达到千亿美元以上，可观的经济效益必然会带动更多产业的发展，3D 虚拟展会和 3G 通信也将会联合带动出新一轮的全球互联网领域投资以及基础环境建设，这种发展趋势将进入划时代的新阶段。

此外，云展会有相当可观的发展前景，节能、环保、节约，更符合当今世界的低碳生活，它打破了传统展会的种种局限性，为会展参展商节约了展览宣传成本，提供了更多新的商机，也为采购商带来更多的实惠和便利。随着网络多媒体技术的不断完善，云展会将逐渐替代传统的实体展会，变成会展的主流方式。

第二节　数字展馆设计

当今社会，技术的发展进步与设备的更新换代日新月异、突飞猛进。数字展馆作为一种全新的模式正充斥着我们的眼球，用虚拟技术制作的数字展馆全面进入传统展馆的领域。

数字展馆设计具有强烈的震撼，真实感强，可以全方位、立体性、360°浏览，打破传统展示的局限。数字展馆设计主要以三维图像为主要内容，使信息更加直观，更容易理解，并能够展示更多的信息。数字展馆具有丰富的展现方式，可以给客户带来深刻的体验。其使用便捷、应用领域非常广泛，而且数据量小，传播的方式多样化、信息共享化、智能化。

数字展馆正在影响着人们的生活，如今世界上一流的展馆都在使用最新技术来推动科学发展并已得到普及，现在利用传统的声、光、电展览已经很难吸引观众的兴趣，如果能够借助虚拟现实技术把枯燥的数据变为鲜活的图形，使科技馆进入公众能够亲身参与的交互式的新时代，这种互动形式能够引发观众浓厚的兴趣，从而达到科普的目的。

数字展馆的设计利用三维动画等技术优势，以"数字视觉整合营销"为理念，专注于数字化空间展示以及三维动画影像创作，目前已涉及数字沙盘、全息体验、投影系统、增强现实、多媒体互动体验、虚拟现实等数字化展示技术。技术方面的优势也给数字展馆带了可观的前景，广泛地服务于地产营销厅、科技展示厅、舞台视觉特效、网络展厅等方面，为客户提供包括广告动画、多媒体互动等展览展示整合营销服务。

数字展厅又叫多媒体展厅，它以艺术设计为基础融合多媒体和数字技术，实现展示对象的数字化展示及展项与参观者之间的互动。集数字沙盘、特种影院、全息幻影成像、增强现实系统、建筑设计、虚拟漫游系统、互动迎宾地幕、互动多点触摸等各种多媒体展项于一体，带给观众高科技的视觉震撼。

1. 数字沙盘

数字沙盘是在物理沙盘基础上，融合多媒体技术的新型沙盘系统。展示内容广，设计手法精湛，展示手段先进，科技含量高。它可以进行自动循环演示，也可由讲解员通过触摸屏幕，有选择地进行、交互性演示。数字沙盘可以快速实现信息高速传递、形象快速树立。在领导参观、大型活动、企业展示中起着不可替代的作用。

2. 增强现实（AR）

增强现实技术与虚拟现实（VR）技术类似，它把现实中并不存在的实体信息（视觉信息、声音、味道、触觉等），通过科技模拟仿真后叠加到现实环境中，达到超越现实的感知体验。该技术广泛应用于医疗、军事、工业维修、艺术、娱乐、旅游、展览展示等。

3. 建筑投影（结构投影）

建筑投影不受面积控制，投影载体不受约束，可实现长远距离投影。打造立体感强的动感画面，形式新颖、科技感浓郁，具有稀缺性及代表性，能够吸引各个年龄阶段和各个收入阶层的广大受众观看，震撼性地传播客户的宣传主题。

4. 虚拟漫游系统

虚拟漫游是指利用现代高科技手段，让体验者在一个虚拟的环境中，感受到接近真实效果的视觉、听觉体验，可以应用于政府城市规划演示、景区虚拟旅游、工厂漫游等。该系统可支持飞行、陆地、水上等多种驾驶模式。

5. 其他相关技术

其他相关技术还包括三维图像实时生成技术、汽车动力学仿真物理系统、大视野显示技术（如多通道立体投影系统）、六自由度运动平台（或三自由度运动平台）、用户输入硬件系统、立体声音响、中控系统等。

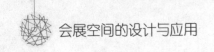

第三节　产品数字模型设计

产品数字模型，是产品设计过程中以数字虚拟技术制作的三维数字模型。通过使用数字模型技术，我们可以使用不同的应用程序对所管理的数据进行应用、变更以及分享。"数字模型"是由深圳赛野数字模型提出的一个新概念。其自主开发的数字模拟技术已获得国家专利，并在韶关规划厅、韶关城市整体规划项目上得到具体体现。

"数字模型"这一新形式将在不远的未来取代传统展示方式，跃身成为展示内容的另一个新亮点。数字模型超越了单调的实体模型沙盘展示方式，在传统的沙盘基础上，增加了多媒体自动化程序，充分表现出区位特点、四季变化等丰富的动态视效。对客户来说是一种全新的体验，能够产生强烈的视觉震撼效果。客户还可通过触摸屏选择观看相应的展示内容，简单便捷，大大提高了整个展示的互动效果。

数字产品设计是将"数字模型"技术运用到产品设计中去，产品设计数字化。产品数字模型是产品信息的载体，包含了产品功能信息、性能信息、结构信息、零件几何信息 装配信息、工艺和加工信息等。

使用产品数字模型的意义不仅仅存在于对对象的建模，同时也在于对对象间相关性的描述。除此之外，建模的对象描述了系统中不同的实体以及它们的行为和它们与系统之间的数据流动方式。这些将帮助我们更好地理解系统。对于开发者以及厂商来说，产品数字模型提供了必要的通用语言来表示对象的特性以及一些功能，以便进行更有效的交流。

产品数字化技术是在产品信息建模技术基础上发展起来的，以面向产品数据管理层的信息建模为目的，以设计、制造等过程中的应用层建模为基础，以数字化过程中的多种规范为约束条件，以产品的结构树为纽带，最终实现产品的数字化定义以及数据的管理过程。

产品的定义模型是以数字化开发技术为基础的，当今现有的产品模型已经不能满足数字化的发展模式，面向过程的产品定义模型建立了产品模型和过程模型的关系。通过分析、研发与设计，产品的模型与模型内容之间及其格式正在发生着微妙的改变。为了实现产品模型的集成与管理，需要从产品生命周期维和产品定义过程维这两个维度解决过程链的管理。

产品数字模型的研究经历了由简单到复杂、由几何模型到集成化产品模型的发展过程。被提出的产品信息模型有以下几种：一是面向几何的产品信息模型，它主要由线框、曲面、实体和混合模型来表示；二是面向特征性的产品信息模型，它是为了适应工程应用的要求而产生，面向几何的产品信息模型扩展，解决了其不能表达的非几何信息问题；三是集成产品信息模型，该模型把产品生命周期的信息都集中存储在一个集成的产品信息模型中，因此集成的产品信息模型可以完全地支持产品开发全过程的各种活动。

随着计算机、微电子、信息处理、通信、激光、多媒体等技术的迅猛发展，集图文、声音、图像于一体的多媒体技术更是迅速渗透到计算机、通信、广播电视以及消费娱乐业中。仅就会展领域而言，其变化速度之快，就令许多人措手不及。在短短的几年时间里，出现了那么多不同的系统和新技术，使得一般的技术人员甚至是技术行政决策人员都有些不知所措。在数字模型的制作上，从普通产品模型到3D模型的设计，再到数字模型、数字分量、压缩数字分量等方面，都需要我们进行更进一步的探索。

第四节　虚拟现实体验会展空间设计（模拟体验型）

虚拟会展体验设计作为一种先进的技术手段，使得展会突破原有的地域等多种条件的限制，为会展行业的创新和二次竞争提供了技术基础。在此基础上，传统展会运营商有机会向更大的范围扩展影响力，建设全球性的超级展会；虚拟展会使会展行业从一个资源密集型的产业中解放出来，大大地降低了会展行业对资源和能源的消耗，削弱对地域和资金的依赖，真正能够实现永不落幕的会展平台。

现代会展设计中动态形式备受青睐，这种动态表现方式有别于陈旧的静态展示，多采用活动式、操作式和互动式等。虚拟现实体验会展空间设计巧用虚拟现实技术，使静态展品得到拓展，营造活泼生动、气氛热烈的展示环境，使观众有身临其境的感受。利用科学技术手段提升观看兴致，能够更好地吸引观众的视觉注意力。前卫的设计带动会展未来的发展前景，将会更加趋向于开放，不再局限于司空见惯的表现形式，而是运用了立体的象征性空间造型。

虚拟会展这种新型的展会模式应运而生。虚拟会展是对传统会展的创新与突破，随着虚拟技术的发展，将给会展模式带来了新的生机和发展动力。目前国内的虚拟会展主要形式是通过一些二维结构、简单的会展网站来实现。内容大部分是由平面静态的网页拼凑而成，以文字叙述为主，个别附加图片以说明，动态的图像和声音展示都非常简单，而且整体建设信息相对贫乏、不够直观、缺少互动。而国外的虚拟会展业如今已经十分发达，如德国的汉诺威展会，运用虚拟计算机技术，网上建立了三维立体的展示系统，并且增加了互动环节，给参展商带来了一种全新的体验，效果非常好。虚拟会展发展的趋势是现场直播式，即大量地使用三维、四维或者录像等计算机技术，设计出一种类似于网络体验式游戏的会展模式。

3D 虚拟体验系统是传统虚拟现实、宣传、营销模式的创新。它是集推介、导引、展示、教育四大功能于一体的综合性、国际性网上平台。该系统通过在网上漫游、虚拟活动、游戏等方式的参与和体验，扩大企业的全球受众，从而增强企业在国内乃至国际的影响力，在更大范围内推广企业的品牌形象。

作为一种新型的展示方式，它不同于电子游戏。原因在于：其一，虚拟组件利用全景显示技术；其二，拥有沉浸体验；其三，具有交互体验。虚拟互动体验的巨大潜力将随新技术的出现而不断发挥出来，顾客的体验将从由特定时控参数所决定的物理空间进入到没有尽头的虚拟空间中。顾客通过互联网，坐在家中使用鼠标和键盘可进行角色扮演式场景虚拟游览，参与企业设置的虚拟场景游戏和活动，并可在虚拟体验系统的平台上与其他顾客实现交友、互动等，使顾客在轻松、愉悦的环境下，以娱乐和互动参与的方式了解企业的文化，这样既增强顾客对企业的认知，又深度发掘顾客的需求，从而达到推广企业的目的。这种方式大大区别于传统的平面和影片宣传，既可容纳丰富的信息量，又能高效地对企业进行深度的宣传。

一、3D 工业仿真

3D 工业仿真是对实体工业的一种虚拟，将实体工业中的各个模块转化成数据并整合到一个虚拟的体系中去。在这个体系中，模拟实现工业作业中的每一项工作和流程，并与之实现各种交互。

工业仿真已经被世界上很多企业广泛地应用到工业的各个环节，对企业提高开发效率，加强数据采集、分析、处理能力，减少决策失误，降低企业风险起到了重要的作用。工业仿真技术的引入，将使工业设计的手段和思想发生质的飞跃，使展销会更体现企业的实力，使传统的平面的维修手册三维电子化、交互化。

同时在培训方面，内部员工和外部客户通过生动有趣的实物再现，大大提高了学习的积极性和主动性，配以理论和实际相结合，使得理论培训方面的周期和效率得到大大提高。

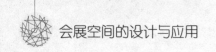

在同类产品信息混杂且人多嘈杂的会展现场配合实物产品一起展示。动态仿真的模拟演示既吸引人眼球，又能展示实物产品所无法表现的细节、功能、运转、操作。

作为业务人员推销产品时的演示工具，使产品介绍更到位。既能避免口头描述时漏讲、误讲等意外状况的发生，又可加强客户对产品的理解力。

作为市场宣传推广工具，工业仿真其直观的内容形式比起口述介绍、图文信息、实物样品等传统营销程序更加简单直观，减少了营销人员与客户的沟通环节；轻便的仿真程序文件以网络邮件方式或邮寄光盘形式，可以轻松地展示给任何地方的客户，拉近了与客户的距离；新颖的表现手法更加吸引人。

仅凭一个播放器视窗便可将所有的产品信息在企业网站、行业网站、客户网站等网络媒体上便捷的展示。创新形式结合高科技的营销方式是公司新锐形象和雄厚实力的象征，有助于公司及产品品牌价值的提升。

全方位的产品功能演示，既可作为给客户的一份动态的产品使用说明书；又可被当作是一份精美的礼物给客户留作纪念，促使产品信息在客户市场内"口碑相传"式的传播开来。

作为常规宣传品，可永久保质和无限次重复使用，避免了如宣传单、喷绘布、广告牌等传统广告物料浪费率大、移动性差、损坏率高甚至是一次性使用等弊端。

二、Web 3D 的应用

Web3D 又称虚拟三维，是一种在虚拟现实技术的基础上，利用 3D 互联网平台将现实世界中有形的物品通过互联网进行虚拟的三维立体展示并可互动浏览操作的一种虚拟现实技术。相比起目前网上主流的以图片、二维、三维动画为主的展示方式来说，Web3D 技术让用户有了浏览的自主感，可以以自己的角度去观察，还有许多虚拟特效和互动操作。

1. 企业和电子商务

三维的表现形式，能够全方位地展现一个物体，具有二维平面图像不可比拟的优势。企业将其产品发布成网上三维的形式，能够展现出产品外形的方方面面，加上互动操作，演示产品的功能和使用操作，充分利用互联网高速迅捷的传播优势来推广公司的产品。对于网上电子商务，将销售产品展示做成在线三维的形式，顾客通过对之进行观察和操作，能够对产品有更加全面的认识和了解，决定购买的几率必将大幅增加，为销售者带来更多的利润。

2. 教育业

现今的教学方式，不再是单纯地依靠书本、教师授课的形式。计算机辅助教学 (CAI) 的引入，弥补了传统教学所不能达到的许多方面。在表现一些空间立体化的知识，如原子及分子的结构、分子的结合过程、机械的运动时，三维的展现形式必然使学习过程形象化，学生更容易接受和掌握。

许多实际经验告诉我们，"做比听和说更能接受更多的信息"。使用具有交互功能的 3D 课件，学生可以在实际的动手操作中得到更深的体会。

对计算机远程教育系统而言，引入 Web3D 内容必将达到很好的在线教育效果。

3. 娱乐游戏业

娱乐游戏业是一个永远不衰的市场。

现今，互联网上已不是单一静止的世界，动态网页、二维动画、流式音视频，使整个互联网呈现生机盎然之态。动感的页面较之静态页面能吸引更多的浏览者。三维的引入，必将造成新一轮的视觉冲击，使网页的访问量提升。娱乐站点可以在页面上建立三维虚拟主持这样的角色来吸引浏览者。

游戏公司除了在光盘上发布 3D 游戏外，现在可以在网络环境中运行在线三维游戏。利用互联网的优势，受众和覆盖面得到迅速扩张。

4. 虚拟现实展示与虚拟社区

使用 Web3D 实现网络上的虚拟现实展示，只需构建一个三维场景，人以第一视角在其中穿行。场景和控制者之间能产生交互，加之高质量的生成画面使人产生身临其境的感觉。

如果是建立一个多用户而且可以互相传递信息的环境，也就形成了所谓的虚拟社区。Adobe 公司的 Atmosphere 就是这种运用的典范。

5. 网上展览馆

虚拟网上展览馆是一个利用全新 Web3D 形成将展览馆放到互联网上进行展示的平台。在这个平台上，用户可以自行操作，可以对场景中的物体进行实时交互操作，同时也可和网页结合起来，将三维场景嵌入到网页中，通过二维信息对三维场景进行有效的管理和应用。

6. 城市在线宣传

虚拟利用 Web3D 先进的互联网技术和资源，以信息、图文、视频、音频等方式对城市重大活动进行全方位展示，作为城市选择 Web3D 互联网做宣传的有益补充。利用虚拟现实仿真与 Web3D 互联网技术，相关企业以超前的技术优势将大、中、小城市放到互联网上，市民足不出户便可走遍天下。

7. 网上虚拟旅游

虚拟旅游，指的是建立在现实旅游景观基础上，通过模拟或超现实景观虚拟旅游，构建一个虚拟旅游环境，网友能够身临其境般地逛逛看看。应用计算机技术实现场景的三维模拟，借助一定的技术手段使操作者感受目的地场景。坐在电脑椅上就能身临其境地游览全世界的风景名胜，还能拍照留念。这就是时下在众多白领中开始风行的"虚拟旅游"，即通过阅读和互动体验的虚拟游戏方式实现网上在线旅行，并且为线下旅行提供指导。

8. 产品模拟动态展示

基于模拟对象的真实数据，模拟出客观存在的场景，可用于产品的仿真动态展示。例如网上看房，即是对此的应用。

目前房地产大多数采用效果图、三维动画做宣传手段，只有少数的档次高的地产商采用三维虚拟仿真技术来宣传楼盘。Web3D 网上看房系统可以为顾客提供室外楼盘及样板间，将其放到互联网上进行浏览，让购房者安居家中即可身临其境地浏览自己感兴趣的楼盘户型。所有尺寸均以真实数据比例制作，

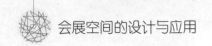

为顾客展现最接近真实的收房效果。

9. 数据整合与查询

虚拟数据整合的概念在业界比较混乱，比如系统整合、应用整合、主机整合、存储整合、数据库整合、数据大集中等。这些不同的概念是在不同的层次、不同的角度阐述计算机系统整合的内涵和外延，是在计算机系统整合这一大的概念范畴下，存在着多种整合形式和技术手段，例如国内大型银行和电信业已经开展的全国性数据大集中，应属于数据整合的一种技术方式。相关企业采用三维与二维结合的方式将数据有效的管理起来，我们可以通过点击三维场景中的设备调用其参数及型号，可以随时查询任何一产品的信息，为部分企业提供一个三维可视化信息管理平台。

虚拟展会设计越来越多强调个性化，更多地注重整体的形象设计，突出企业形象，强调视觉上的冲击力。为了迎合市场要求，广告化、情节化、戏剧化等也逐渐加入其中，现在的会展更多地运用高科技手段，引进网络系统，运用软件技术等，将虚拟空间设计得更加逼真。

三、数字说明书

随着经济不断发展，社会不断进步，人们的生活水平不断提高，售后服务在产品市场竞争中的作用越来越明显、重要，企业在这方面的投入巨大。而企业在纸制说明书时就面临诸多问题。例如：制作繁琐，需要技术工艺、图形文字、出版印刷等多门类配合；篇幅巨大，每一个简单的结构或技术动作需要大量的文字描述，如巨著的外观让人望而生畏；艰涩难懂，难于将抽象的技术内涵直观展现。如果我们利用三维技术制作数字化使用维护说明书，以虚拟现实或三维动画方式介绍设备的相关拆装过程、操作规范和维护维修方式，将会直观高效。对使用者而言，既可以保证迅速投入生产和保证设备的良好运行，还可以方便地进行操作人员培训，减少设备损耗。对生产者而言，能缩短生产、销售的人员培训周期，提高整体技术水平；同时，减轻企业的售后服务压力，节约成本。

我们可以将设备或整个生产流程拆解到需要的单位，以三维动画或交互的方式介绍设备的安装全过程，详细规范操作者的施工动作和注意事项。在制造阶段，能够给操作人员便捷、精确的指导，大大缩短操作人员的培训时间，并能使装配过程科学、流畅；销售推广过程中可作为产品结构功能演示的一部分，便于目标客户了解产品的优势，提高购买信心。用户在使用过程中，便于迅速实现生产。

第七章

大型会展场馆
空间设计案例分析

2010 年上海世博会——丹麦馆
2012 年韩国丽水世博会中国馆设计方案
德国列奥纳多（Leonardo）玻璃制品展览馆
2012 年韩国丽水世博会——佳施加德士（GS Caltex）能源领域馆

第一节　2010年上海世博会——丹麦馆

场馆主题：梦想城市。

展馆面积：3000平方米。

展示特点：整座建筑是一个巨大的管状钢结构，就像一艘钢铁巨轮的船身。展馆的外立面是场馆最为经济、节能的部分。外立面上的孔洞不仅可以让阳光照进室内，还有助于自然通风，每个孔洞都安装有LED光源，既可以调节场馆内的光线，也可以在夜间照亮外立面。想想看：骑自行车穿梭在环形轨道，带孩子们在游乐场尽情玩耍，品尝有机食品的野餐体验，用足尖感受来自丹麦港口的水。

会展空间设计说明：取名为"幸福生活，童话乐园"的丹麦馆由两个环形轨道分成室内和室外两部分，从上俯瞰形似一个螺旋体。该建筑形式超越了传统的展览形式，带来不断穿梭于室内与室外的感受，一个连贯的平台把它们连接起来，双螺旋形的建筑，人行道和车行道，从地面盘旋两次到达12米的高度，又盘旋而下回到地面。展馆就像一本打开的童话书，第一章"我们如何生活"，讲述了丹麦人如何在城市生活以及他们的日常生活结构，包括如何创建拥有高质量生活的城市；第二章"我们如何娱乐"，介绍了丹麦人以及他们关于生活价值的个人故事；第三章"我们如何设想未来"，则展望了丹麦 - 中国的共同未来，以及双方在技术和知识领域的合作将如何改善城市生活。三个区域分别介绍丹麦人日常生活、性格爱好以及对未来的展望。在丹麦馆中心是著名雕塑——"小美人鱼"，水池中放置1000立方米海水，水池的一旁设计了水净化系统，在世博会召开的半年时间里，丹麦馆水池的水将不再更换，完全靠净化系统保持清洁，让参观者感觉置身于安徒生的童话王国。为了使参观者有一种亲临哥本哈根的感觉，丹麦馆的水池允许参观者戏水，让参观者体验海水轻抚脚趾的感觉（图7-1、图7-2）。

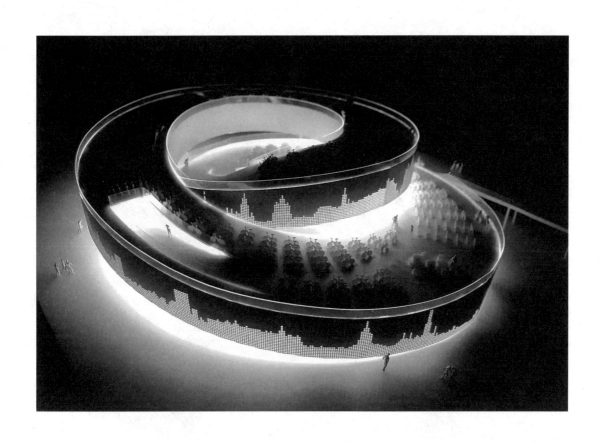

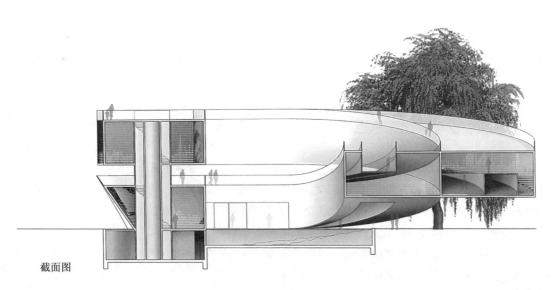

截面图

图 7-1

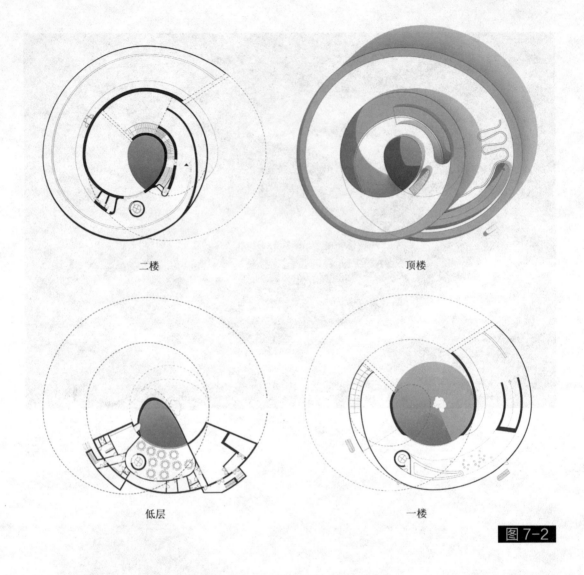

二楼

顶楼

低层

一楼

图 7-2

第二节　2012年韩国丽水世博会中国馆设计方案

韩国丽水世博会 2012 年 5 月 12 日至 8 月 12 日举办，是 2010 年上海世博会结束后的下一届世博会，其主题为"生机勃勃的海洋及海岸：资源多样性与可持续发展"。除主题外，丽水世博会还有三个副主题，分别为"海岸开发与保护""创意海洋文化活动""新资源技术"。此次世博会有 100 多个国家和若干国际组织参展，接待观众 800 万人次。

丽水是韩国最美丽的口岸城市之一。美丽的多岛海与蜿蜒曲折的海岸线引人入胜，还具备拥有以石油化学为主的国家产业园区等举办世博会的有利条件。

2010 年上海世博会为注册类（综合性）世博会，2012 年丽水世博会为认可类（专业性）世博会。和上海世博会不同，丽水世博会为期只有 93 天，出展国不建造自己的展馆，展馆由世博协会建造。

韩国丽水世博会中国馆位于太平洋展区，展馆面积约 1241 平方米，是 2012 年世博会上面积最大的外国场馆。中国馆初步确定"人海相依"的展示主题，将以可持续发展为主线，从海洋和海岸开发与保护、海洋科技、海洋文化三个角度进行展示。最终，中国馆以新颖靓丽、独具匠心的展览展示，隆重典雅、大气恢弘的国家馆日活动和异彩纷呈、高潮迭起的 11 个沿海省区市周系列活动，从 100 多个参展方中脱颖而出，荣获"世博会奖"金奖。

中国馆还选取中华白海豚作为贯穿展馆的线索。它以海豚造型为主要设计元素，图徽中的海豚在海洋中追逐嬉戏，形成一个圆圈，表示着海洋生态系统的彼此关联和相互作用，强调了保持海洋生物多样性的重要性，同时它的颜色也有很多代表象征性意义。例如，蓝色代表浩瀚的海洋，黄色代表广阔的陆地，绿色代表大自然的世间万物，红色代表热情的人类，巧妙传达了人海相依、共生天下的主题理念。众所周知，中华白海豚是中国的国家一级保护动物，具有典型的中国符号。同时中国馆的吉祥物海豚宝宝是一只正在欢快跳跃的海豚，海豚精灵则代表着中国馆热情欢迎四海宾朋。中国馆以介绍我国的海洋事业发展成就和发展目标，传达中国人民关爱海洋，构建人与海洋和谐关系的海洋事业发展理念。中国馆每天可以接待观众 6400 人次，展期内接待总人数约为 60 万人次。

中国馆外观也颇具中国传统艺术特色，它以渔民画的表现形式为设计要素，表现手法上吸取中国青花瓷的笔墨色彩，体现了浓浓的中国古代文化韵味。馆外设置了一块大屏幕，放映中国各省区市的宣传片，将中国古代至近现代乃至现代的文化向全世界人展示。

中国馆主要划分为三大部分，分别为海之波展区、海之源展区、海之恋展区。在三大展示内容中辅以部分功能区域：序厅——等候区——海洋文化走廊——观众留影区和售卖区（图 7-3 ~ 图 7-12）。

以下是对中国馆展区的介绍与说明。

1. 序厅

序厅是参观者对中国馆认知的第一步，也是作为一个门面，表现中国馆中国文化的序言。序厅主要起到礼仪接待、咨询、批处理人流等功能性的作用。序厅的墙面通过视频播放中国在保护中华白海豚方面的纪实短片。

2. 等候区

等候区是进入馆内的走廊，其功能性作用是疏导人流。两面墙体设置高低错落的视频装置，循环展示关于海洋主题的中国儿童画获奖作品。这是一个非常好的创意，从儿童看海洋的角度，演绎世博会主题，把儿童作为世界的未来，作为世界的花朵。

3. 海之波展示区——海豚活力剧场

海豚活力剧场是中国馆的核心展项，设计独具匠心，是由两个影院和位于影院中心的表演舞台组成一个双面剧场，中国馆主题影片在此上映。中国馆主影片由中影集团负责制作，影片名为《海歌》。影片以中华白海豚为故事纽带，讲述了一个中国小女孩与白海豚之间友爱的故事，体现了中国人民与海洋相互依存，人海共生及可持续发展的科学理念。影片通过超现实的表现手法，通过过去、现在和未来三个时间段推动剧情发展，融入了中国的海洋文化、海洋科技发展、海洋价值观等诸多元素。影片视觉以中国传统美学思想为核心，采取动漫手法，融合青花、粉彩、杨柳青年画等民族艺术形式。

海豚活力剧场还具有强大的舞台活动功能。为中国馆开幕式、中国馆日以及参与中国馆的 11 个省区市活动周开幕及表演等重大活动提供场地空间。

4. 海之源展示区

通过中华白海豚球幕影像互动装置和海洋环境暨生态保护二大展项，讲述中国在海洋和海岸开发与保护方面做出的努力及取得的成功经验，最终引起参观者的思考。

5. 海洋文化走廊

海洋文化走廊为过渡展区。走廊一面墙体呈现的是剪影设计形态表现的中国现代渔民画艺术，另一侧墙体为参与 11 个省区市提供实物展示空间，为观众提供一个感受中国博大海洋文化的窗口。

6. 海之恋展示区

海之恋展厅重点讲述我国面向未来的海洋科技发展成就和海洋开发理念。展示内容通过蛟龙号深海探测展墙、"南极冰芯"装置与南极科考站对话三个展项实现。

7. 观众留影区和售卖区

为体现中韩友好，给观众留下参观中国馆的美好记忆，中国馆在临近出口区域设立了观众留影区和售卖区。

图7-3

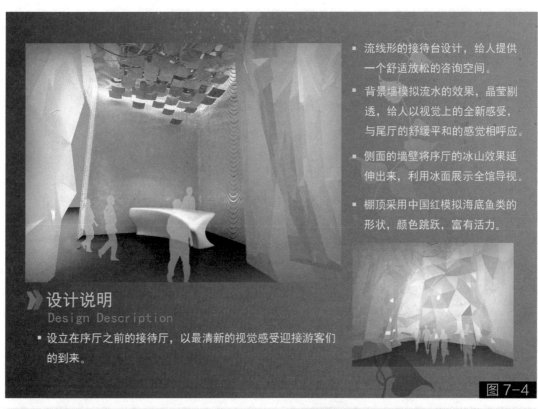

- 流线形的接待台设计，给人提供一个舒适放松的咨询空间。
- 背景墙模拟流水的效果，晶莹剔透，给人以视觉上的全新感受，与尾厅的舒缓平和的感觉相呼应。
- 侧面的墙壁将序厅的冰山效果延伸出来，利用冰面展示全馆导视。
- 棚顶采用中国红模拟海底鱼类的形状，颜色跳跃，富有活力。

》 设计说明
Design Description

- 设立在序厅之前的接待厅，以最清新的视觉感受迎接游客们的到来。

图 7-4

● 元素

设计说明
Design Description

生命的流水治愈人的创伤，抚慰人的情绪，尾厅天棚采用水母为元素，清新圆润。两侧则模拟水流倾泻而下，以这样柔和的手段将参观者之前的情绪从压抑中解放出来，给人们投入无限对未来的遐想。最终将环保视为人类终生的事业！

图 7-5

中国海洋科技文化
China Marine Culture

1、海洋科考及科考生活

　　1）南极科学考察站

　　2）北极科学考察站

　　3）大洋勘探

2、海洋科技

　　1）海水淡化技术

　　2）海洋监测技术

　　3）海洋生物技术

　　4）深海研究技术装备

　　5）海洋卫星技术

　　6）海洋发电

　　海洋科技是国家海洋事业发展的强大支撑和不竭动力，开发海洋资源、保护海洋环境、发展海洋经济、维护海洋权益、建设海洋强国，必须依靠海洋科学技术。也是此次展示的亮点之一.

图 7-6

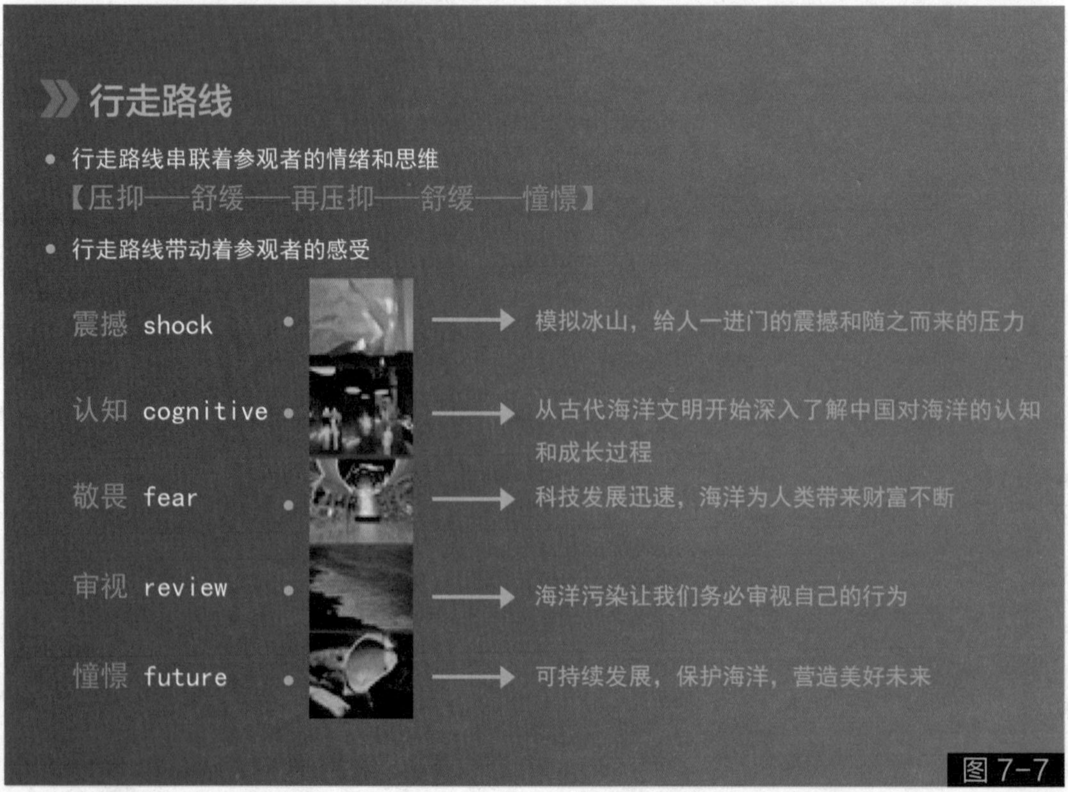

≫ 行走路线

- 行走路线串联着参观者的情绪和思维

  【压抑——舒缓——再压抑——舒缓——憧憬】

- 行走路线带动着参观者的感受

震撼 shock	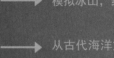	→ 模拟冰山，给人一进门的震撼和随之而来的压力
认知 cognitive		→ 从古代海洋文明开始深入了解中国对海洋的认知和成长过程
敬畏 fear		→ 科技发展迅速，海洋为人类带来财富不断
审视 review		→ 海洋污染让我们务必审视自己的行为
憧憬 future		→ 可持续发展，保护海洋，营造美好未来

图 7-7

设计说明
Design Description

展馆的展厅设计模拟一线天，就像是一个巨大的冰雕，外立面采用水晶树脂做成，并配用LED灯光，让外墙呈现出冷冷的幽光，走进内部就像进入到一条峡谷中，让人感受到一种压抑的感觉。

图 7-8

Expor 2012

韩国丽水世博会
Yeosu World Expo

- 主题　　生机勃勃的海洋及海岸——资源多样性与可持续发展

- 副主题┌海岸开发与保护
　　　　├新资源技术
　　　　└创意海洋文化活动

中国馆展示构思
Zhong GuoGuan Design Scheme

　　　　　┌海洋和海岸开发与保护
- 主题　├海洋科技
　　　　└海洋文化

中国馆，以"人海相依"的理念，由古至今的展示了海洋与人类的相伴以发展的动态诠释了海洋与人密不可分的关系，指引着我们应当倡导的美好未来。

图 7-9

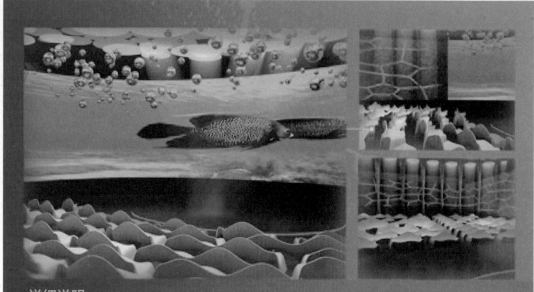

详细说明：

这是在放映区所做的流线型的座椅，圆滑的表面带有些许的律动，仿佛海浪一般，波涛汹涌，澎湃中透露水下的宁静舒缓而宁静。柱子上的灯光由上到下运动，模拟了水流动的姿态，墙壁的水纹机理给人观看的同时置身在流水的包围中的幻想。

图 7-10

■ 左侧取形于古代丝绸之路，以及风土人情的介绍，右侧则是模型资料展示区，向人们展示自古以来开放友好，探索海洋的智慧

■ 灯罩内采用环形放映的模式，参观者抬头便可以看见里边的影像，外侧以中国建筑的剪影进行装饰中国元素得以充分体现

■ 地面采用玻璃材质，通透的质感可以看见下边的层次，模拟水纹的真实感

图 7-11

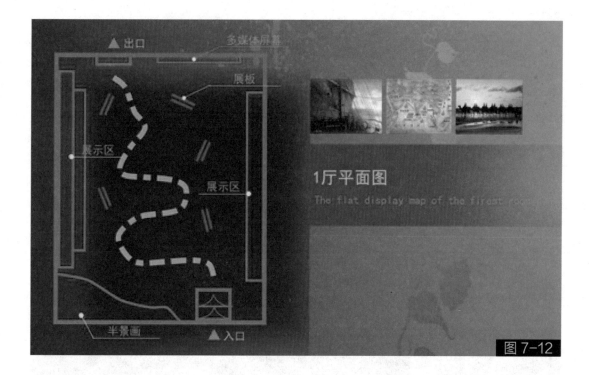

图 7-12

第三节　德国列奥纳多（Leonardo）玻璃制品展览馆

　　这个玻璃盒子式的建筑坐落于德国比勒费尔德附近的一个村子，一个玻璃品牌的形象工程，同时也是 3 Deluxe 的第一个永久性建筑。3deluxe 事务所为品牌列奥纳多创造了这个独特的企业建筑构架。这个一体化设计概念结合了建筑、室内设计和景观规划，是一项综合的审美体系。玻璃面使玻璃立方体与附近的景观相互映衬。内部，展现在参观者眼前的是一个宽敞的开放空间和波浪式的白色墙面。在波浪墙面和玻璃面之间的长廊为非正式会议和流动提供了空间。以下是对这个建筑的详细介绍分析。

　　这个建筑的结构部分是由两部分构成：一部分是几何的、硬线条的外部躯壳；另外一部分由柔性的室内结构构成。由大量曲线勾勒的室内空间创造出了一个与众不同的展示区。室内几个不同的功能区域将通过三个白色构造体互相区别又相互联系。中央的开敞空间将视线导入地下，这样整个盒子不再是一个简单的水平展开的建筑物而是一个立体的、多面的展示空间。

　　立面和周边道路设计不仅仅提供了一个有趣的视觉效果，而且将这个小盒子和整个园区捆绑在一起。在空间上也给人们一种奇妙、有无限遐想空间的感觉，倍受人们的关注与欢迎。

　　像 3 Deluxe 这种所谓的综合设计事务所是一个很有趣的概念。他们这种事务所所承接的业务无所不包，从工业设计、平面设计到建筑甚至城市设计都能找到该事务所的位置。设计度非常高是他们的特点，但是有时候也会有设计过度的感觉。

　　在外观设计不仅需要提及的位置和该公司的产品重要性，而且也突出了列奥纳多的品牌理念主要特征，即一个现代化的、鼓舞人心的设计，激发想象力，使观者不断感知和重新塑造他们的环境。

　　此外，大楼的玻璃幕墙不仅代表内部和外部之间的连接媒介，而且还具有通过向超自然世界高度美感致敬的特点（图 7-13~ 图 7-19）。

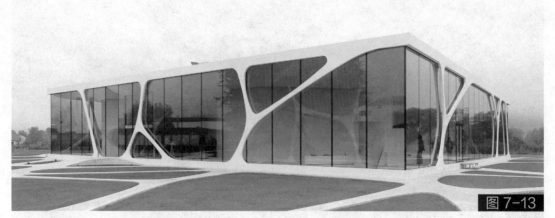

图 7-13

图 7-14

图 7-15

图 7-16

图 7-17

图 7-18

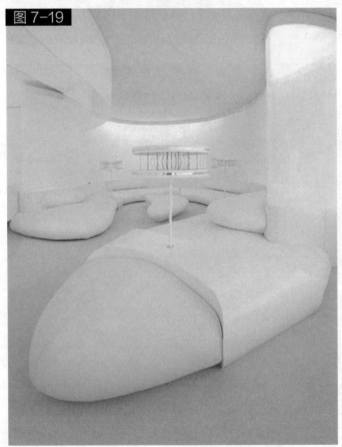

图 7-19

第四节　2012年韩国丽水世博会——佳施加德士（GS Caltex）能源领域馆

主题：可持续的运动（Never-ending Movement）。

理念：企业为与大自然交感及实现能源循环而做出的努力。

空间构成：1层（能源领域）→1层（等候区）→2层（序厅）→2层（主题秀）→2层（尾厅）。

展示特点：展现企业为自然和人类的和谐共处所付出的努力以及未来蓝图。从大自然获得能源，又使其重新返回自然，从这样的循环过程中可再次认识到企业的努力。

会展空间设计说明：当参观者来到能源领域馆时，外在的展示空间是由 LED 灯竖立起来的，在形象上是由上百棵带有生命的竹子构成，整个设计都是以环保为理念，重返大自然为最终目的做出努力。先是一层能源领域区域，在这里可切身体验能源，随风摇曳的 380 个长 18 米的条状雕塑如实地展现出大自然的力量。在此可一边漫步，一边体验神奇的能源领域。在夜间，可通过绚烂的灯光照明感知能源，用手触摸还可改变灯光。在一层设有等候区，进入等候区便可从天花板与墙面看到自己，从中可感知能源不断在扩散。当参观者来到二层，在序厅介绍展馆的电力来自安装在楼顶上的太阳能光板，从中可知佳施加德士不是耗能型企业，而是产能型企业。通过对错问答题了解大自然与人类可利用的多种能源，以及人类对石油资源会产生的一些误解。接下来是主题展览，在此通过影像展示大自然、企业与人类须共同努力，打造一个大自然、海洋及能源可持续循环的美好未来。利用互动与立体音响效果，打造了一个更加生动的展示空间；同样展现推动韩国国家发展的佳施加德士的现状、有关能源开发的未来蓝图、未来的推动力量，以及作为社会能源的角色。在能源领域馆的流畅的参观路线，具有人性化的表现，更多地体现了展示设计中的空间感（图 7-20 ~ 图 7-23）。

图 7-20

图 7-21

图 7-22

图 7-23